AF332419

NOUVEAUX

COMPTES FAITS

POUR LES TOILES,

Commençant par le prix de 7 Gros et finissant par celui de 61 Gros le Mètre ; où l'on trouve toutes les sommes opérées en Francs et Florins courant de Brabant, premièrement de toutes les Toiles de la longueur de 50 à 150 Mètres jusqu'au prix de 24 Gros, et ensuite de celles de la longueur de 50 à 100 Mètres, jusqu'au prix de 61 Gros ;

Par JOSEPH-LOUIS FEYS,

Commis-Négociant.

NIEUWE

MAEKEN REKENINGEN,

BEGINNENDE

Met den prys van 7 Grooten en eyndigende met den prys van 61 Grooten den Nomber ; alwaer men vind alle de sommen gemaekt in Francs en Guldens Brabants courant, voor eerst van alle de Lynwaeden van de lengde van 50 tot 150 Nombers tot den prys van 24 Grooten, en voorders van alle de Lynwaeden van de lengde van 50 tot 100 Nombers, tot den prys van 61 Grooten ;

Door JOSEPH-LOUIS FEYS,

A GAND,

Chez P. F. DE GOESIN-VERHAEGHE, Imprimeur-libraire, rue Hautport, n.° 229.

31 Décembre 1810.

Conformément au Décret du 19 Juillet 1793, deux exemplaires ayant été déposés à la Bibliothéque Impériale, je déclare que je poursuivrai tous contrefacteurs, distributeurs ou débitans d'éditions contrefaites.

GAND, ce 31 Décembre 1810.

PRÉFACE.

Les Décrets impériaux des 15 Août et 12 Septembre 1810. ayant tout-à-fait changé la valeur des anciennes Monnaies de la ci-devant Belgique et de France, il est devenu absolument impossible de baser d'avantage les opérations de commerce sur notre monnaie de compte, tant pour les payemens que pour la recette, à cause des grandes fractions que les espèces nous donnent, et que nous ne pouvons éviter qu'en nous fixant sur les Francs : c'est donc à cette nécessité que le présent ouvrage doit le jour ; mais, pour ne rien changer aux anciennes habitudes de compter, j'ai établi les ventes ou achats sur l'ancienne monnaie de compte, et joint son résultat tant en Francs qu'en Florins courant de Brabant.

Entre les mains des habitans de la campagne mon ouvrage deviendra d'un usage indispensable pour faciliter leurs opérations, et en les dispensant d'un travail pénible, ils éviteront de tomber dans des erreurs qui souvent leur seraient très-préjudiciables : les Négocians, dont la plupart ont établi leurs comptes en Francs, éviteront l'ennui des calculs en les trouvant devant eux tout faits, et gagneront par ce moyen un temps précieux. Ces considérations d'utilité générale m'ont guidé dans cette entreprise, et la difficulté d'une exactitude rigoureuse ne m'a point rébuté ; les soins et l'attention que j'y ai apportés, me fout espérer que j'aurai atteint mon but.

VOORREDE.

DE keyzerlyke Decreten van den 18 Augusti en 12 September 1810, in eens verandert hebbende de weirde der oude Munten van het gewezen Nederland en van Vrankryk, is het onmogelyk geworden de koophandel-werkingen te konnen blyven grondvestigen op onze reken-munte, zoo voor den ontfang als voor den uytgeef, ter oorzaeke van de groote fractien die de specien ons geven, en die wy niet en konnén vermyden ten zy met ons te schikken naer de Francs ; 't is dan aen deze noodzaekelykheyd dat het tegenwoordig werk den dag verschuldigt is ; maer om geene veranderingen te brengen aen de oude Rekenwyze, heb ik den inkoop en den verkoop vastgestelt op de oude rekenmunt, en den uytslag daer by gevoegt zoo in Francs als in Guldens brabants courant.

Myn werk zal onder d'handen der buytenlieden van het uytterste nut worden om gemakkelyk te rekenen, en hun ontslagende van eene groote moeyte, zullen zy vermyden te vallen in mislaegen die hun dikwils zeer veele schaede zoude konnen toebrengen: de kooplieden, de welke gebruyk maeken van hunne rekeningen in Francs op te stellen, en zullen geene verdrietige oprekeningen moeten doen terwylen zy de zelve voor zig zullen hebben, en by dien middel eenen kostbaeren tyd winnen: deze opmerkingen van algemeyn nut hebben my geleyd in deze onderneminge, en de moeyelykheyd van eene strenge nauwkeurigheyd en heeft my daer van niet konnen wederhouden: de zorge en oplettentheyd die ik er aen besteed hebbe, doen my verhopen dat ik myn oogwit zal bereykt hebben.

Nombre	Fr. Ct.	courant. flor. s. den. guld. s. den	Nombre	fr. ct.	courant. flor. s. den guld. s. den
50	15,87	8,15,0	101	32, 6	17,13,6
51	16,19	8,18,6	102	32,38	17,17,0
52	16,50	9, 2,0	103	32,69	18, 0,6
53	16,82	9, 5,6	104	33, 1	18, 4,0
54	17,14	9, 9,0	105	33,33	18, 7,6
55	17,46	9,12,6	106	33,65	18,11,0
56	17,77	9,16,0	107	33,96	18,14,6
57	18, 9	9,19,6	108	34,28	18,18,0
58	18,41	10, 3,0	109	34,60	19, 1,6
59	18,73	10, 6,6	110	34,92	19, 5,0
60	19, 4	10,10,0	111	35,23	19, 8,6
61	19,36	10,13,6	112	35,55	19,12,0
62	19,68	10,17,0	113	35,87	19,15,6
63	20, 0	11, 0,6	114	36,19	19,19,0
64	20,31	11, 4,0	115	36,50	20, 2,6
65	20,63	11, 7,6	116	36,82	20, 6,0
66	20,95	11,11,0	117	37,14	20, 9,6
67	21,27	11,14,6	118	37,46	20,13,0
68	21,58	11,18,0	119	37,77	20,16,6
69	21,90	12, 1,6	120	38, 9	21, 0,0
70	22,22	12, 5,6	121	38,41	21, 3,6
71	22,54	12, 8,6	122	38,73	21, 7,0
72	22,85	12,12,0	123	39, 4	21,10,6
73	23,17	12,15,6	124	39,36	21,14,0
74	23,49	12,19,0	125	39,68	21,17,6
75	23,81	13, 2,6	126	40, 0	22, 1,0
76	24,12	13, 6,0	127	40,31	22, 4,6
77	24,44	13, 9,6	128	40,63	22, 8,0
78	24,76	13,13,0	129	40,95	22,11,6
79	25, 8	13,16,6	130	41,27	22,15,0
80	25,39	14, 0,0	131	41,58	22,18,6
81	25,71	14, 3,6	132	41,90	23, 2,0
82	26, 3	14, 7,0	133	42,22	23, 5,6
83	26,35	14,10,6	134	42,53	23, 9,0
84	26,66	14,14,0	135	42,85	23,12,6
85	26,98	14,17,6	136	43,17	23,16,0
86	27,30	15, 1,0	137	43,49	23,19,6
87	27,62	15, 4,6	138	43,80	24, 3,0
88	27,93	15, 8,0	139	44,12	24, 6,6
89	28,25	15,11,6	140	44,44	24,10,0
90	28,57	15,15,0	141	44,76	24,13,6
91	28,89	15,18,6	142	45, 7	24,17,0
92	29,20	16, 2,0	143	45,39	25, 0,6
93	29,52	16, 5,6	144	45,71	25, 4,0
94	29,84	16, 9,0	145	46, 3	25, 7,6
95	30,16	16,12,6	146	46,34	25,11,0
96	30,47	16,16,0	147	46,66	25,14,6
97	30,79	16,19,6	148	46,98	25,18,0
98	31,11	17, 3,0	149	47,30	26, 1,6
99	31,43	17, 6,6	150	47,61	26, 5,0
100	31,74	17,10,0			A

Nombre	fr. ct.	courant. flor. s. den. guld. s. den	Nombre	fr. ct.	courant. flor. s. den. guld. s. den
50	16,43	9, 1, 3	101	33,19	18, 6, 0
51	16,75	9, 4, 9	102	33,51	18, 9, 9
52	17, 9	9, 8, 6	103	33,85	18,13, 3
53	17,42	9,12, 0	104	34,19	18,17, 0
54	17,75	9,15, 9	105	34,51	19, 0, 6
55	18, 7	9,19, 3	106	34,85	19, 4, 3
56	18,41	10, 3, 0	107	35,17	19, 7, 9
57	18,73	10, 6, 6	108	35,51	19,11, 6
58	19, 7	10,10, 3	109	35,82	19,15, 0
59	19,38	10,13, 9	110	36,16	19,18, 9
60	19,72	10,17, 6	111	36,48	20, 2, 3
61	20, 4	11, 1, 0	112	36,82	20, 6, 9
62	20,38	11, 4, 9	113	37,14	20, 9, 6
63	20,70	11, 8, 3	114	37,48	20,13, 3
64	21, 4	11,12, 0	115	37,80	20,16, 9
65	21,36	11,15, 6	116	38,14	21, 0, 6
66	21,70	11,19, 3	117	38,45	21, 4, 0
67	22, 1	12, 2, 9	118	38,79	21, 7, 9
68	22,35	12, 6, 6	119	39,11	21,11, 6
69	22,67	12,10, 0	120	39,45	21,15, 0
70	23, 1	12,13, 9	121	39,77	21,18, 6
71	23,33	12,17, 3	122	40,11	22, 2, 3
72	23,67	13, 1, 0	123	40,43	22, 5, 9
73	23,99	13, 4, 6	124	40,77	22, 9, 6
74	24,33	13, 8, 3	125	41, 8	22,13, 0
75	24,64	13,11, 9	126	41,42	22,16, 9
76	24,98	13,15, 6	127	41,74	23, 0, 3
77	25,30	13,19, 0	128	42, 8	23, 4, 0
78	25,64	14, 2, 9	129	42,40	23, 7, 6
79	25,96	14, 6, 3	130	42,74	23,11, 3
80	26,30	14,10, 0	131	43, 6	23,14, 9
81	26,62	14,13, 6	132	43,40	23,18, 6
82	26,96	14,17, 3	133	43,71	24, 2, 0
83	27,27	15, 0, 9	134	44, 5	24, 5, 9
84	27,61	15, 4, 6	135	44,37	24, 9, 3
85	27,93	15, 8, 0	136	44,71	24,13, 0
86	28,27	15,11, 9	137	45, 3	24,16, 6
87	28,59	15,15, 3	138	45,37	25, 0, 3
88	28,93	15,19, 0	139	45,69	25, 3, 9
89	29,25	16, 2, 6	140	46, 3	25, 7, 6
90	29,59	16, 6, 3	141	46,34	25,11, 0
91	29,90	16, 9, 9	142	46,68	25,14, 9
92	30,24	16,13, 6	143	47, 0	25,18, 3
93	30,56	16,17, 0	144	47,34	26, 2, 0
94	30,90	17, 0, 9	145	47,66	26, 5, 6
95	31,22	17, 4, 3	146	48, 0	26, 9, 3
96	31,56	17, 8, 0	147	48,32	26,12, 9
97	31,88	17,11, 6	148	48,66	26,16, 6
98	32,22	17,15, 3	149	48,97	27, 0, 0
99	32,53	17,18, 9	150	49,31	27, 3, 9
100	32,87	18, 2, 6			

Nombre	fr. st.	courant. flor. s. den guld. s. den	Nombre	fr. st.	courant. flor. s. den guld. s. den
50	17, 0	9, 7,6	101	34,35	18,18,9
51	17,34	9,11,3	102	34,69	19, 2,6
52	17,68	9,15,0	103	35, 3	19, 6,3
53	18, 2	9,18,9	104	35,37	19,10,0
54	18,36	10, 2,6	105	35,71	19,13,9
55	18,70	10, 6,3	106	36, 5	19,17,6
56	19, 4	10,10,0	107	36,39	20, 1,3
57	19,38	10,13,9	108	36,73	20, 5,0
58	19,72	10,17,6	109	37, 7	20, 8,9
59	20, 6	11, 1,3	110	37,41	20,12,6
60	20,40	11, 5,0	111	37,75	20,16,3
61	20,74	11, 8,9	112	38, 9	21, 0,0
62	21, 8	11,12,6	113	38,43	21, 3,9
63	21,42	11,16,3	114	38,77	21, 7,6
64	21,76	12, 0,0	115	39,11	21,11,3
65	22,10	12, 3,9	116	39,45	21,15,0
66	22,44	12, 7,6	117	39,79	21,18,9
67	22,78	12,11,3	118	40,13	22, 2,6
68	23,12	12,15,0	119	40,47	22, 6,3
69	23,46	12,18,9	120	40,81	22,10,0
70	23,80	13, 2,6	121	41,15	22,13,9
71	24,14	13, 6,3	122	41,49	22,17,6
72	24,49	13,10,0	123	41,83	23, 1,3
73	24,83	13,13,9	124	42,17	23, 5,0
74	25,17	13,17,6	125	42,51	23, 8,9
75	25,51	14, 1,3	126	42,85	23,12,6
76	25,85	14, 5,0	127	43,19	23,16,3
77	26,19	14, 8,9	128	43,53	24, 0,0
78	26,53	14,12,6	129	43,87	24, 3,9
79	26,87	14,16,3	130	44,21	24, 7,6
80	27,21	15, 0,0	131	44,55	24,11,3
81	27,55	15, 3,9	132	44,89	24,15,0
82	27,89	15, 7,6	133	45,23	24,18,9
83	28,23	15,11,3	134	45,57	25, 2,6
84	28,57	15,15,0	135	45,91	25, 6,3
85	28,91	15,18,9	136	46,25	25,10,0
86	29,25	16, 2,6	137	46,59	25,13,9
87	29,59	16, 6,3	138	46,93	25,17,6
88	29,93	16,10,0	139	47,27	26, 1,3
89	30,27	16,13,9	140	47,61	26, 5,0
90	30,61	16,17,6	141	47,95	26, 8,9
91	30,95	17, 1,3	142	48,29	26,12,6
92	31,29	17, 5,0	143	48,63	26,16,3
93	31,63	17, 8,9	144	48,97	27, 0,0
94	31,97	17,12,6	145	49,31	27, 3,9
95	32,31	17,16,3	146	49,66	27, 7,6
96	32,65	18, 0,0	147	50, 0	27,11,3
97	32,99	18, 3,9	148	50,34	27,15,0
98	33,33	18, 7,6	149	50,68	27,18,9
99	33,67	18,11,3	150	51, 2	28, 2,6
100	34, 1	18,15,0			

Nombre	fr. ct.	courant. flor. s. den guld. s. den	Nombre	fr. ct.	courant. flor. s. den guld. s. den
50	17,57	9, 13,9	101	35,48	19, 11,3
51	17,91	9, 17,6	102	35,85	19, 15,3
52	18,27	10, 1,6	103	36,19	19, 19,0
53	18,61	10, 5,3	104	36,55	20, 3,0
54	18,97	10, 9,3	105	36,89	20, 6,9
55	19,31	10, 13,0	106	37,25	20, 10,9
56	19,68	10, 17,0	107	37,59	20, 14,6
57	20, 2	11, 0,9	108	37,95	20, 18,6
58	20,38	11, 4,9	109	38,29	21, 2,3
59	20,72	11, 8,6	110	38,66	21, 6,3
60	21, 8	11, 12,6	111	39, 0	21, 10,0
61	21,42	11, 16,3	112	39,36	21, 14,0
62	21,79	12, 0,3	113	39,70	21, 17,9
63	22,13	12, 4,0	114	40, 6	22, 1,9
64	22,49	12, 8,0	115	40,40	22, 5,6
65	22,83	12, 11,9	116	40,77	22, 9,6
66	23,19	12, 15,9	117	41,11	22, 13,3
67	23,53	12, 19,6	118	41,47	22, 17,3
68	23,90	13, 3,6	119	41,81	23, 1,0
69	24,24	13, 7,3	120	42,17	23, 5,0
70	24,60	13, 11,3	121	42,51	23, 8,9
71	24,94	13, 15,0	122	42,87	23, 12,9
72	25,30	13, 19,0	123	43,22	23, 16,6
73	25,64	14, 2,9	124	43,58	24, 0,6
74	26, 0	14, 6,9	125	43,92	24, 4,3
75	26,34	14, 10,6	126	44,28	24, 8,3
76	26,71	14, 14,6	127	44,62	24, 12,0
77	27, 5	14, 18,3	128	44,98	24, 16,0
78	27,41	15, 2,3	129	45,32	24, 19,9
79	27,75	15, 6,0	130	45,69	25, 3,9
80	28,11	15, 10,0	131	46, 3	25, 7,6
81	28,45	15, 13,9	132	46,39	25, 11,6
82	28,82	15, 17,9	133	46,73	25, 15,3
83	29,16	16, 1,6	134	47, 9	25, 19,3
84	29,52	16, 5,6	135	47,43	26, 3,0
85	29,86	16, 9,3	136	47,80	26, 7,0
86	30,22	16, 13,3	137	48,14	26, 10,9
87	30,56	16, 17,0	138	48,50	26, 14,9
88	30,92	17, 1,0	139	48,84	26, 18,6
89	31,26	17, 4,9	140	49,20	27, 2,6
90	31,63	17, 8,9	141	49,54	27, 6,3
91	31,97	17, 12,6	142	49,90	27, 10,3
92	32,33	17, 16,6	143	50,24	27, 14,0
93	32,67	18, 0,3	144	50,61	27, 18,0
94	33, 3	18, 4,3	145	50,95	28, 1,9
95	33,37	18, 8,0	146	51,31	28, 5,9
96	33,74	18, 12,0	147	51,65	28, 9,6
97	34, 8	18, 15,9	148	52, 1	28, 13,6
98	34,44	18, 19,9	149	52,35	28, 17,3
99	34,78	19, 3,6	150	52,72	29, 1,3
100	35,14	19, 7,6			

Nombre	fr. ct.	courant. flor. s. den guld. s. den	Nombre	fr. ct.	courant. flor. s. den guld. s. den
50	18,14	10, 0,0	101	36,64	20, 4,0
51	18,50	10, 4,0	102	37, 0	20, 8,0
52	18,86	10, 8,0	103	37,36	20,12,0
53	19,22	10,12,0	104	37,73	20,16,0
54	19,59	10,16,0	105	38, 9	21, 0,0
55	19,95	11, 0,0	106	38,45	21, 4,0
56	20,31	11, 4,0	107	38,82	21, 8,0
57	20,68	11, 8,0	108	39,18	21,12,0
58	21, 4	11,12,0	109	39,54	21,16,0
59	21,40	11,16,0	110	39,90	22, 0,0
60	21,76	12, 0,0	111	40,27	22, 4,0
61	22,13	12, 4,0	112	40,63	22, 8,0
62	22,49	12, 8,0	113	40,99	22,12,0
63	22,85	12,12,0	114	41,36	22,16,0
64	23,21	12,16,0	115	41,72	23, 0,0
65	23,58	13, 0,0	116	42, 8	23, 4,0
66	23,94	13, 4,0	117	42,44	23, 8,0
67	24,30	13, 8,0	118	42,81	23,12,0
68	24,67	13,12,0	119	43,17	23,16,0
69	25, 3	13,16,0	120	43,53	24, 0,0
70	25,39	14, 0,0	121	43,90	24, 4,0
71	25,75	14, 4,0	122	44,26	24, 8,0
72	26,12	14, 8,0	123	44,62	24,12,0
73	26,48	14,12,0	124	44,98	24,16,0
74	26,84	14,16,0	125	45,35	25, 0,0
75	27,21	15, 0,0	126	45,71	25, 4,0
76	27,57	15, 4,0	127	46, 7	25, 8,0
77	27,93	15, 8,0	128	46,44	25,12,0
78	28,29	15,12,0	129	46,80	25,16,0
79	28,66	15,16,0	130	47,16	26, 0,0
80	29, 2	16, 0,0	131	47,52	26, 4,0
81	29,38	16, 4,0	132	47,89	26, 8,0
82	29,75	16, 8,0	133	48,25	26,12,0
83	30,11	16,12,0	134	48,61	26,16,0
84	30,47	16,16,0	135	48,97	27, 0,0
85	30,83	17, 0,0	136	49,34	27, 4,0
86	31,20	17, 4,0	137	49,70	27, 8,0
87	31,56	17, 8,0	138	50, 6	27,12,0
88	31,92	17,12,0	139	50,43	27,16,0
89	32,29	17,16,0	140	50,79	28, 0,0
90	32,65	18, 0,0	141	51,15	28, 4,0
91	33, 1	18, 4,0	142	51,51	28, 8,0
92	33,37	18, 8,0	143	51,88	28,12,0
93	33,74	18,12,0	144	52,24	28,16,0
94	34,10	18,16,0	145	52,60	29, 0,0
95	34,46	19, 0,0	146	52,97	29, 4,0
96	34,82	19, 4,0	147	53,33	29, 8,0
97	35,19	19, 8,0	148	53,69	29,12,0
98	35,55	19,12,0	149	54, 5	29,16,0
99	35,91	19,16,0	150	54,42	30, 0,0
100	36,28	20, 0,0			

6 à 8 ¼ Gros. (aen 8 ¼ Grooten.)

Nombre	fr. ct.	courant. flor. s. den guld. s. den	Nombre	fr. ct.	courant. flor. s. den guld. s. den
50	18,70	10, 6,3	101	37,77	20, 16,6
51	19, 7	10, 10,3	102	38, 14	21, 0,9
52	19,45	10, 14,6	103	38,52	21, 4,9
53	19,81	10, 18,6	104	38, 91	21, 9,9
54	20,20	11, 2,9	105	39,27	21,13, 0
55	20,56	11, 6,9	106	39,66	21,17,3
56	20,95	11,11, 0	107	40, 2	22, 1,3
57	21,31	11,15, 0	108	40,40	22, 5,6
58	21,70	11,19,3	109	40,77	22, 9,6
59	22, 6	12, 3,3	110	41,15	22,13,9
60	22,44	12, 7,6	111	41,51	22,17,9
61	22,81	12,11,6	112	41,90	23, 2,0
62	23,19	12,15,9	113	42,26	23, 6,0
63	23,56	12,19,9	114	42,65	23,10,3
64	23,94	13, 4,0	115	43, 1	23,14,3
65	24,30	13, 8,0	116	43,40	23,18,6
66	24,69	13,12,3	117	43,76	24, 2,6
67	25, 5	13,16,3	118	44, 14	24, 6,9
68	25,44	14, 0,6	119	44,51	24,10, 9
69	25,80	14, 4,6	120	44,89	24,15, 0
70	26,19	14, 8,9	121	45,26	24,19, 9
71	26,55	14,12,9	122	45,64	25, 3,3
72	26,93	14,17, 0	123	46, 0	25, 7,3
73	27,30	15, 1,0	124	46,39	25,11,6
74	27,68	15, 5,3	125	46,75	25,15,6
75	28, 5	15, 9,3	126	47,14	25,19,9
76	28,43	15,15,6	127	47,50	26, 3,9
77	28,79	15,17,6	128	47,89	26, 8,0
78	29,18	16, 1,9	129	48,25	26,12,0
79	29,54	16, 5,9	130	48,63	26,16,3
80	29,93	16,10, 0	131	49, 0	27, 0,3
81	30,29	16,14, 0	132	49,38	27, 4,6
82	30,68	16,18,3	133	49,75	27, 8,6
83	31, 4	17, 2,3	134	50,13	27,12,9
84	31,42	17, 6,6	135	50,49	27,16,9
85	31,79	17,10,6	136	50,88	28, 1,0
86	32,17	17,14,9	137	51,24	28, 5,0
87	32,53	17,18,9	138	51,63	28, 9,3
88	32,92	18, 3,0	139	51,99	28,13,3
89	33,28	18, 7,0	140	52,38	28,17,6
90	33,67	18,11,3	141	52,74	29, 1,6
91	34, 3	18,15,3	142	53,12	29, 5,9
92	34,42	18,19,6	143	53,49	29, 9,9
93	34,78	19, 3,6	144	53,87	29,14, 0
94	35,17	19, 7,9	145	54,24	29,18, 0
95	35,53	19,11,9	146	54,62	30, 2,3
96	35,91	19,16, 0	147	54,98	30, 6,3
97	36,28	20, 0,0	148	55,37	30,10,6
98	36,66	20, 4,3	149	55,73	30,14,6
99	37, 2	20, 8,3	150	56,12	30,18,9
100	37,41	20,12,6			

Nombre	fr. ct.	courant. flor. s. den guld. s. den	Nombre	fr. ct.	courant. flor. s. den guld. s. den
50	19,27	10, 12, 6	101	38,93	21, 9,3
51	19,65	10, 16,9	102	39,31	21, 13,6
52	20, 4	11, 1,0	103	39,70	21, 17,9
53	20,43	11, 5,3	104	40, 9	22, 2,0
54	20,81	11, 9,6	105	40,47	22, 6,3
55	21,20	11, 13,9	106	40,86	22, 10,6
56	21,58	11, 18,0	107	41,24	22, 14,9
57	21,97	12, 2,3	108	41,63	22, 19,0
58	22,35	12, 6,6	109	42, 1	23, 3,3
59	22,74	12, 10,9	110	42,40	23, 7,6
60	23,12	12, 15,0	111	42,78	23, 11,9
61	23,51	12, 19,3	112	43,17	23, 16,0
62	23,90	13, 3,6	113	43,56	24, 0,3
63	24,28	13, 7,9	114	43,94	24, 4,6
64	24,67	13, 12,0	115	44,33	24, 8,9
65	25, 5	13, 16,3	116	44,71	24, 13,0
66	25,44	14, 0,6	117	45,10	24, 17,3
67	25,82	14, 4,9	118	45,48	25, 1,6
68	26,21	14, 9,0	119	45,87	25, 5,9
69	26,59	14, 13,3	120	46,25	25, 10,0
70	26,98	14, 17,6	121	46,64	25, 14,3
71	27,36	15, 1,9	122	47, 2	25, 18,6
72	27,75	15, 6,0	123	47,41	26, 2,9
73	28,14	15, 10,3	124	47,80	26, 7,0
74	28,52	15, 14,6	125	48,18	26, 11,3
75	28,91	15, 18,9	126	48,57	26, 15,6
76	49,29	16, 3,0	127	48,95	26, 19,9
77	29,68	16, 7,3	128	49,34	27, 4,0
78	30, 6	16, 11,6	129	49,72	27, 8,3
79	30,45	16, 15,9	130	50, 11	27, 12,6
80	30,83	17, 0,0	131	50,49	27, 16,9
81	31,22	17, 4,3	132	50,88	28, 1,0
82	31,61	17, 8,6	133	51,26	28, 5,3
83	31,99	17, 12,9	134	51,65	28, 9,6
84	32,38	17, 17,0	135	52, 4	28, 13,9
85	32,76	18, 1,3	136	52,42	28, 18,0
86	33,15	18, 5,6	137	52,81	29, 2,3
87	33,53	18, 9,9	138	53,19	29, 6,6
88	33,92	18, 14,0	139	53,58	29, 10,9
89	34,30	18, 18,3	140	53,96	29, 15,0
90	34,69	19, 2,6	141	54,35	29, 19,3
91	35, 7	19, 6,9	142	54,73	30, 3,6
92	35,46	19, 11,0	143	55,12	30, 7,9
93	35,85	19, 15,3	144	55,51	30, 12,0
94	36,23	19, 19,6	145	55,89	30, 16,3
95	36,62	20, 3,9	146	56,28	31, 0,6
96	37, 0	20, 8,0	147	56,66	31, 4,9
97	37,39	20, 12,3	148	57, 5	31, 9,0
98	37,77	20, 16,6	149	57,43	31, 13,3
99	38,16	21, 0,9	150	57,82	31, 17,6
100	38,54	21, 5,0			

8 à 8 ³/₄ Gros. (aen 8 ³/₄ Grooten.)

Nombre	fr. ct.	courant. flor. s. den guld. s. den	Nombre	fr. ct.	courant. flor. s. den guld. s. den
50	19,84	10.18.9	101	40. 6	22. 1.9
51	20,22	11. 3.0	102	40.47	22. 6.3
52	20,63	11. 7.6	103	40.86	22.10.6
53	21, 2	11.11.9	104	41.27	22.15.0
54	21,42	11.16.3	105	41.65	22.19.3
55	21,81	12. 0.9	106	42. 6	23. 3.9
56	22,22	12. 5.0	107	42.44	23. 8.0
57	22,60	12. 9.3	108	42.85	23.12.6
58	23, 1	12.13.9	109	43.24	23.16.9
59	23,40	12.18.0	110	43.65	24. 1.3
60	23,80	13. 2.6	111	44. 3	24. 5.6
61	24,19	13. 6.9	112	44.44	24.10.0
62	24,60	13.14.3	113	44.83	24.14.3
63	24,98	13.15.6	114	45.23	24.18.9
64	25,39	14. 0.0	115	45.62	25. 3.0
65	25,78	14. 4.3	116	46. 3	25. 7.6
66	26,19	14. 8.9	117	46.41	25.11.9
67	26,57	14.13.0	118	46.82	25.16.3
68	26,98	14.17.6	119	47.21	26. 0.6
69	27,36	15. 1.9	120	47.61	26. 5.0
70	27,77	15. 6.3	121	48. 0	26. 9.3
71	28,16	15.10.6	122	48.41	26.13.9
72	28,57	15.15.0	123	48.79	26.18.0
73	28,95	15.19.3	124	49.20	27. 2.6
74	29,36	16. 3.9	125	49.59	27. 6.9
75	29,75	16. 8.0	126	50. 0	27.11.3
76	30,15	16.12.6	127	50.38	27.15.6
77	30,54	16.16.9	128	50.79	28. 0.0
78	30,95	17. 1.3	129	51.17	28. 4.3
79	31,33	17. 5.6	130	51.58	28. 8.9
80	31,74	17.10.0	131	51.97	28.13.0
81	32,13	17.14.3	132	52.38	28.17.6
82	32,53	17.18.9	133	52.76	29. 1.9
83	32,92	18. 3.0	134	53.17	29. 6.3
84	33,33	18. 7.6	135	53.56	29.10.6
85	33,71	18.11.9	136	53.96	29.15.0
86	34,12	18.16.3	137	54.35	29.19.3
87	34,51	19. 0.6	138	54.76	30. 3.9
88	34,92	19. 5.0	139	55.14	30. 8.0
89	35,30	19. 9.3	140	55.55	30.12.6
90	35,71	19.13.9	141	55.94	30.16.9
91	36, 9	19.18.0	142	56.34	31. 1.3
92	36.50	20. 2.6	143	56.73	31. 5.6
93	36.89	20. 6.9	144	57.14	31.10.0
94	37.30	20.11.3	145	57.52	31.14.3
95	37,68	20.15.6	146	57.93	31.18.9
96	38, 9	21. 0.0	147	58.32	32. 3.0
97	38,48	21. 4.3	148	58.73	32. 7.6
98	38,88	21. 8.9	149	59.11	32.11.9
99	39.27	21.13.0	150	59.52	32.16.3
100	39.68	21.17.6			

Nombre	francs ct.	courant. flor. s. den. (guld. s. den.)
50	20, 40	11, 5, 0
51	20, 81	11, 9, 6
52	21, 22	11, 14, 0
53	21, 63	11, 18, 6
54	22, 4	12, 3, 0
55	22, 44	12, 7, 6
56	22, 85	12, 12, 0
57	23, 26	12, 16, 6
58	23, 67	13, 1, 0
59	24, 8	13, 5, 6
60	24, 48	13, 10, 0
61	24, 89	13, 14, 6
62	25, 30	13, 19, 0
63	25, 71	14, 3, 6
64	26, 12	14, 8, 0
65	26, 53	14, 12, 6
66	26, 93	14, 17, 0
67	27, 34	15, 1, 6
68	27, 75	15, 6, 0
69	28, 16	15, 10, 6
70	28, 57	15, 15, 0
71	28, 97	15, 19, 6
72	29, 38	16, 4, 0
73	29, 79	16, 8, 6
74	30, 20	16, 13, 0
75	30, 61	16, 17, 6
76	31, 2	17, 2, 0
77	31, 42	17, 6, 6
78	31, 83	17, 11, 0
79	32, 24	17, 15, 6
80	32, 65	18, 0, 0
81	33, 6	18, 4, 6
82	33, 46	18, 9, 0
83	33, 87	18, 13, 6
84	34, 28	18, 18, 0
85	34, 69	19, 2, 6
86	35, 10	19, 7, 0
87	35, 51	19, 11, 6
88	35, 91	19, 16, 0
89	36, 32	20, 0, 6
90	36, 73	20, 5, 0
91	37, 14	20, 9, 6
92	37, 55	20, 14, 0
93	37, 95	20, 18, 6
94	38, 36	21, 3, 0
95	38, 77	21, 7, 6
96	39, 18	21, 12, 0
97	39, 59	21, 16, 6
98	40, 0	22, 1, 0
99	40, 40	22, 5, 6
100	40, 81	22, 10, 0
101	41, 22	22, 14, 6
102	41, 63	22, 19, 0
103	42, 4	23, 3, 6
104	42, 44	23, 8, 0
105	42, 85	23, 12, 6
106	43, 26	23, 17, 0
107	43, 67	24, 1, 6
108	44, 8	24, 6, 0
109	44, 49	24, 10, 6
110	44, 89	24, 15, 0
111	45, 30	24, 19, 6
112	45, 71	25, 4, 0
113	46, 12	25, 8, 6
114	46, 53	25, 13, 0
115	46, 93	25, 17, 6
116	47, 34	26, 2, 0
117	47, 75	26, 6, 6
118	48, 16	26, 11, 0
119	48, 57	26, 15, 6
120	48, 97	27, 0, 0
121	49, 38	27, 4, 6
122	49, 79	27, 9, 0
123	50, 20	27, 13, 6
124	50, 61	27, 18, 0
125	51, 2	28, 2, 6
126	51, 42	28, 7, 0
127	51, 83	28, 11, 6
128	52, 24	28, 16, 0
129	52, 65	29, 0, 6
130	53, 6	29, 5, 0
131	53, 46	29, 9, 6
132	53, 87	29, 14, 0
133	54, 28	29, 18, 6
134	54, 69	30, 3, 0
135	55, 10	30, 7, 6
136	55, 51	30, 12, 0
137	55, 91	30, 16, 6
138	56, 32	31, 1, 0
139	56, 73	31, 5, 6
140	57, 14	31, 10, 0
141	57, 55	31, 14, 6
142	57, 95	31, 19, 0
143	58, 36	32, 3, 6
144	58, 77	32, 8, 0
145	59, 18	32, 12, 6
146	59, 59	32, 17, 0
147	60, 0	33, 1, 6
148	60, 40	33, 6, 0
149	60, 81	33, 10, 6
150	61, 22	33, 15, 0

B

Gros 9¼ Grooten.

Nombre	francs ct.	courant guld.	s.	den.	Nombre	francs ct.	courant guld.	s.	den.
50	20, 97	11	11	3	101	42, 35	23	7	0
51	21, 38	11	15	9	102	42, 78	23	11	9
52	21, 81	12	0	6	103	43, 19	23	16	3
53	22, 22	12	5	0	104	43, 62	24	1	0
54	22, 65	12	9	9	105	44, 3	24	5	6
55	23, 6	12	14	3	106	44, 46	24	10	3
56	23, 49	12	19	0	107	44, 87	24	14	9
57	23, 90	13	3	6	108	45, 30	24	19	6
58	24, 33	13	8	3	109	45, 71	25	4	0
59	24, 73	13	12	9	110	46, 14	25	8	9
60	25, 17	13	17	6	111	46, 55	25	13	3
61	25, 57	14	2	0	112	46, 98	25	18	0
62	26, 0	14	6	9	113	47, 39	26	2	6
63	26, 41	14	11	3	114	47, 82	26	7	3
64	26, 84	14	16	0	115	48, 23	26	11	9
65	27, 25	15	0	6	116	48, 66	26	16	6
66	27, 68	15	5	3	117	49, 7	27	1	0
67	28, 9	15	9	9	118	49, 50	27	5	9
68	28, 52	15	14	6	119	49, 90	27	10	3
69	28, 93	15	19	0	120	50, 34	27	15	0
70	29, 36	16	3	9	121	50, 74	27	19	6
71	29, 77	16	8	3	122	51, 17	28	4	3
72	30, 20	16	13	0	123	51, 58	28	8	9
73	30, 61	16	17	6	124	52, 1	28	13	6
74	31, 4	17	2	3	125	52, 42	28	18	0
75	31, 45	17	6	9	126	52, 85	29	2	9
76	31, 88	17	11	6	127	53, 26	29	7	3
77	32, 29	17	16	0	128	53, 69	29	12	0
78	32, 72	18	0	9	129	54, 10	29	16	6
79	33, 12	18	5	3	130	54, 53	30	1	3
80	33, 56	18	10	0	131	54, 94	30	5	9
81	33, 96	18	14	6	132	55, 37	30	10	6
82	34, 39	18	19	3	133	55, 78	30	15	0
83	34, 80	19	3	9	134	56, 21	30	19	9
84	35, 23	19	8	6	135	56, 62	31	4	3
85	35, 64	19	13	0	136	57, 5	31	9	0
86	36, 7	19	17	9	137	57, 46	31	13	6
87	36, 48	20	2	3	138	57, 89	31	18	3
88	36, 91	20	7	0	139	58, 29	32	2	9
89	37, 32	20	11	6	140	58, 73	32	7	6
90	37, 75	20	16	3	141	59, 13	32	12	0
91	38, 16	21	0	9	142	59, 56	32	16	9
92	38, 59	21	5	6	143	59, 97	33	1	3
93	39, 0	21	10	0	144	60, 40	33	6	0
94	39, 43	21	14	9	145	60, 81	33	10	6
95	39, 84	21	19	3	146	61, 24	33	15	3
96	40, 27	22	4	0	147	61, 65	33	19	9
97	40, 68	22	8	6	148	62, 8	34	4	6
98	41, 11	22	13	3	149	62, 49	34	9	0
99	41, 51	22	17	9	150	62, 92	34	13	9
100	41, 95	23	2	6					

Nombre	francs ct.	courant. flor. s. den / guld. s. den	Nombre	francs ct.	courant. flor. s. den / guld. s. den
50	21 , 54	11 , 17 , 6	101	43 , 51	23 , 19 , 9
51	21 , 97	12 , 2 , 3	102	43 , 94	24 , 4 , 6
52	22 , 40	12 , 7 , 0	103	44 , 37	24 , 9 , 3
53	22 , 83	12 , 11 , 9	104	44 , 80	24 , 14 , 0
54	23 , 26	12 , 16 , 6	105	45 , 23	24 , 18 , 9
55	23 , 69	13 , 1 , 3	106	45 , 66	25 , 3 , 6
56	24 , 12	13 , 6 , 0	107	46 , 9	25 , 8 , 3
57	24 , 55	13 , 10 , 9	108	46 , 53	25 , 13 , 0
58	24 , 98	13 , 15 , 6	109	46 , 96	25 , 17 , 9
59	25 , 41	14 , 0 , 3	110	47 , 39	26 , 2 , 6
60	25 , 85	14 , 5 , 0	111	47 , 82	26 , 7 , 3
61	26 , 28	14 , 9 , 9	112	48 , 25	26 , 12 , 0
62	26 , 71	14 , 14 , 6	113	48 , 68	26 , 16 , 9
63	27 , 14	14 , 19 , 3	114	49 , 11	27 , 1 , 6
64	27 , 57	15 , 4 , 0	115	49 , 54	27 , 6 , 3
65	28 , 0	15 , 8 , 9	116	49 , 97	27 , 11 , 0
66	28 , 43	15 , 13 , 6	117	50 , 40	27 , 15 , 9
67	28 , 86	15 , 18 , 3	118	50 , 83	28 , 0 , 6
68	29 , 29	16 , 3 , 0	119	51 , 26	28 , 5 , 3
69	29 , 72	16 , 7 , 9	120	51 , 70	28 , 10 , 0
70	30 , 15	16 , 12 , 6	121	52 , 13	28 , 14 , 9
71	30 , 58	16 , 17 , 3	122	52 , 56	28 , 19 , 6
72	31 , 2	17 , 2 , 0	123	52 , 99	29 , 4 , 3
73	31 , 45	17 , 6 , 9	124	53 , 42	29 , 9 , 0
74	31 , 88	17 , 11 , 6	125	53 , 85	29 , 13 , 9
75	32 , 31	17 , 16 , 3	126	54 , 28	29 , 18 , 6
76	32 , 74	18 , 1 , 0	127	54 , 71	30 , 3 , 3
77	33 , 17	18 , 5 , 9	128	55 , 14	30 , 8 , 0
78	33 , 60	18 , 10 , 6	129	55 , 57	30 , 12 , 9
79	34 , 3	18 , 15 , 3	130	56 , 0	30 , 17 , 6
80	34 , 46	19 , 0 , 0	131	56 , 43	31 , 2 , 3
81	34 , 89	19 , 4 , 9	132	56 , 87	31 , 7 , 0
82	35 , 32	19 , 9 , 6	133	57 , 30	31 , 11 , 9
83	35 , 75	19 , 14 , 3	134	57 , 73	31 , 16 , 6
84	36 , 19	19 , 19 , 0	135	58 , 16	32 , 1 , 3
85	36 , 62	20 , 3 , 9	136	58 , 59	32 , 6 , 0
86	37 , 5	20 , 8 , 6	137	59 , 2	32 , 10 , 9
87	37 , 48	20 , 13 , 3	138	59 , 45	32 , 15 , 6
88	37 , 91	20 , 18 , 0	139	59 , 88	33 , 0 , 3
89	38 , 34	21 , 2 , 9	140	60 , 31	33 , 5 , 0
90	38 , 77	21 , 7 , 6	141	60 , 74	33 , 9 , 9
91	39 , 20	21 , 12 , 3	142	61 , 17	33 , 14 , 6
92	39 , 63	21 , 17 , 0	143	61 , 61	33 , 19 , 3
93	40 , 6	22 , 1 , 9	144	62 , 4	34 , 4 , 0
94	40 , 49	22 , 6 , 6	145	62 , 47	34 , 8 , 9
95	40 , 92	22 , 11 , 3	146	62 , 90	34 , 13 , 6
96	41 , 36	22 , 16 , 0	147	63 , 33	34 , 18 , 3
97	41 , 79	23 , 0 , 9	148	63 , 76	35 , 3 , 0
98	42 , 22	23 , 5 , 6	149	64 , 19	35 , 7 , 9
99	42 , 65	23 , 10 , 3	150	64 , 62	35 , 12 , 6
100	43 , 8	23 , 15 , 0			

Nombre	francs ct.	courant. flor. s. den			Nombre	francs ct.	courant. flor. s. den		
		guld.	s.	den			guld.	s.	den
50	22,10	12	3	9	101	44,64	24	12	3
51	22,53	12	8	6	102	45,10	24	17	3
52	22,99	12	13	6	103	45,53	25	2	0
53	23,42	12	18	3	104	45,98	25	7	0
54	23,87	13	3	3	105	46,41	25	11	9
55	24,30	13	8	0	106	46,87	25	16	9
56	24,76	13	13	0	107	47,30	26	1	6
57	25,19	13	17	9	108	47,75	26	6	6
58	25,64	14	2	9	109	48,18	26	11	3
59	26,7	14	7	6	110	48,63	26	16	3
60	26,53	14	12	6	111	49,7	27	1	0
61	26,96	14	17	3	112	49,52	27	6	0
62	27,41	15	2	3	113	49,95	27	10	9
63	27,84	15	7	0	114	50,40	27	15	9
64	28,29	15	12	0	115	50,83	28	0	6
65	28,73	15	16	9	116	51,29	28	5	6
66	29,18	16	1	9	117	51,72	28	10	3
67	29,61	16	6	6	118	52,17	28	15	3
68	30,6	16	11	6	119	52,60	29	0	0
69	30,49	16	16	3	120	53,6	29	5	0
70	30,95	17	1	3	121	53,49	29	9	9
71	31,38	17	6	0	122	53,94	29	14	9
72	31,83	17	11	0	123	54,37	29	19	6
73	32,26	17	15	9	124	54,83	30	4	6
74	32,72	18	0	9	125	55,26	30	9	3
75	33,15	18	5	6	126	55,71	30	14	3
76	33,60	18	10	6	127	56,14	30	19	0
77	34,3	18	15	3	128	56,59	31	4	9
78	34,48	19	0	3	129	57,2	31	8	9
79	34,92	19	5	0	130	57,48	31	13	9
80	35,37	19	10	0	131	57,91	31	18	6
81	35,80	19	14	9	132	58,36	32	3	6
82	36,25	19	19	9	133	58,79	32	8	3
83	36,68	20	4	6	134	59,25	32	13	3
84	37,14	20	9	6	135	59,68	32	18	0
85	37,57	20	14	3	136	60,13	33	3	0
86	38,2	20	19	3	137	60,56	33	7	9
87	38,45	21	4	0	138	61,2	33	12	9
88	38,91	21	9	0	139	61,45	33	17	6
89	39,34	21	13	9	140	61,90	34	2	6
90	39,79	21	18	9	141	62,33	34	7	3
91	40,22	22	3	6	142	62,78	34	12	3
92	40,68	22	8	6	143	63,22	34	17	0
93	41,11	22	13	3	144	63,67	35	2	0
94	41,56	22	18	3	145	64,10	35	6	9
95	41,99	23	3	0	146	64,55	35	11	9
96	42,44	23	8	0	147	64,98	35	16	6
97	42,87	23	12	9	148	65,44	36	1	6
98	43,33	23	17	9	149	65,87	36	6	3
99	43,76	24	2	6	150	66,32	36	11	3
100	44,21	24	7	6					

Nombre	francs etr.	courant (guld., sch., pen.)	Nombre	francs etr.	courant (guld., sch., pen.)
51	[illegible]	[illegible]	101	45, 80	25, 5, 0
52	[illegible]	[illegible]	102	46, 25	25, 10, 0
53	[illegible]	[illegible]	103	46, 71	25, 15, 0
54	[illegible]	[illegible]	104	47, 16	26, 0, 0
55	[illegible]	[illegible]	105	47, 61	26, 5, 0
56	[illegible]	[illegible]	106	48, 7	26, 10, 0
57	[illegible]	[illegible]	107	48, 52	26, 15, 0
58	[illegible]	[illegible]	108	48, 97	27, 0, 0
59	[illegible]	[illegible]	109	49, 43	27, 5, 0
60	[illegible]	[illegible]	110	49, 88	27, 10, 0
61	[illegible]	[illegible]	111	50, 34	27, 15, 0
62	[illegible]	[illegible]	112	50, 79	28, 0, 0
63	[illegible]	[illegible]	113	51, 24	28, 5, 0
64	[illegible]	[illegible]	114	51, 70	28, 10, 0
65	[illegible]	[illegible]	115	52, 15	28, 15, 0
66	[illegible]	[illegible]	116	52, 60	29, 0, 0
67	[illegible]	[illegible]	117	53, 6	29, 5, 0
68	[illegible]	[illegible]	118	53, 51	29, 10, 0
69	[illegible]	[illegible]	119	53, 96	29, 15, 0
70	[illegible]	[illegible]	120	54, 42	30, 0, 0
71	[illegible]	[illegible]	121	54, 87	30, 5, 0
72	[illegible]	[illegible]	122	55, 32	30, 10, 0
73	[illegible]	[illegible]	123	55, 78	30, 15, 0
74	[illegible]	[illegible]	124	56, 23	31, 0, 0
75	[illegible]	[illegible]	125	56, 68	31, 5, 0
76	[illegible]	[illegible]	126	57, 14	31, 10, 0
77	[illegible]	[illegible]	127	57, 59	31, 15, 0
78	[illegible]	[illegible]	128	58, 5	32, 0, 0
79	[illegible]	19, 15, 0	129	58, 50	32, 5, 0
80	[illegible]	20, 0, 0	130	58, 95	32, 10, 0
81	[illegible]	20, 5, 0	131	59, 41	32, 15, 0
82	[illegible]	20, 10, 0	132	59, 86	33, 0, 0
83	[illegible]	20, 15, 0	133	60, 31	33, 5, 0
84	[illegible]	21, 0, 0	134	60, 77	33, 10, 0
85	[illegible]	21, 5, 0	135	61, 22	33, 15, 0
86	[illegible]	21, 10, 0	136	61, 67	34, 0, 0
87	39, 45	21, 15, 0	137	62, 13	34, 5, 0
88	39, 90	22, 0, 0	138	62, 58	34, 10, 0
89	40, 36	22, 5, 0	139	63, 3	34, 15, 0
90	40, 81	22, 10, 0	140	63, 49	35, 0, 0
91	41, 26	22, 15, 0	141	63, 94	35, 5, 0
92	41, 72	23, 0, 0	142	64, 39	35, 10, 0
93	42, 17	23, 5, 0	143	64, 85	35, 15, 0
94	42, 63	23, 10, 0	144	65, 30	36, 0, 0
95	43, 8	23, 15, 0	145	65, 75	36, 5, 0
96	43, 53	24, 0, 0	146	66, 21	36, 10, 0
97	43, 99	24, 5, 0	147	66, 66	36, 15, 0
98	44, 44	24, 10, 0	148	67, 12	37, 0, 0
99	44, 89	24, 15, 0	149	67, 57	37, 5, 0
100	45, 35	25, 0, 0	150	68, 2	37, 10, 0

Nombre	francs ct.	courant. flor. s. den / guld. s. den
50	23, 24	12, 16, 3
51	23, 69	13, 1, 3
52	24, 17	13, 6, 6
53	24, 62	13, 11, 6
54	25, 10	13, 16, 9
55	25, 55	14, 1, 9
56	26, 3	14, 7, 0
57	26, 48	14, 12, 0
58	26, 96	14, 17, 3
59	27, 41	15, 2, 3
60	27, 89	15, 7, 6
61	28, 34	15, 12, 6
62	28, 82	15, 17, 9
63	29, 27	16, 2, 9
64	29, 75	16, 8, 0
65	30, 20	16, 13, 0
66	30, 68	16, 18, 3
67	31, 13	17, 3, 3
68	31, 61	17, 8, 6
69	32, 6	17, 13, 6
70	32, 53	17, 18, 9
71	32, 99	18, 3, 9
72	33, 46	18, 9, 0
73	33, 92	18, 14, 0
74	34, 39	18, 19, 3
75	34, 85	19, 4, 3
76	35, 32	19, 9, 6
77	35, 78	19, 14, 6
78	36, 25	19, 19, 9
79	36, 71	20, 4, 9
80	37, 18	20, 10, 0
81	37, 64	20, 15, 0
82	38, 11	21, 0, 3
83	38, 57	21, 5, 3
84	39, 4	21, 10, 6
85	39, 50	21, 15, 6
86	39, 97	22, 0, 9
87	40, 43	22, 5, 9
88	40, 90	22, 11, 0
89	41, 36	22, 16, 0
90	41, 83	23, 1, 3
91	42, 29	23, 6, 3
92	42, 76	23, 11, 6
93	43, 22	23, 16, 6
94	43, 69	24, 1, 9
95	44, 14	24, 6, 9
96	44, 62	24, 12, 0
97	45, 7	24, 17, 0
98	45, 55	25, 2, 3
99	46, 0	25, 7, 3
100	46, 48	25, 12, 6
101	46, 93	25, 17, 6
102	47, 39	26, 2, 9
103	47, 86	26, 7, 9
104	48, 34	26, 13, 0
105	48, 79	26, 18, 0
106	49, 27	27, 3, 3
107	49, 72	27, 8, 3
108	50, 20	27, 13, 6
109	50, 65	27, 18, 6
110	51, 13	28, 3, 9
111	51, 58	28, 8, 9
112	52, 6	28, 14, 0
113	52, 51	28, 19, 0
114	52, 99	29, 4, 3
115	53, 44	29, 9, 3
116	53, 92	29, 14, 6
117	54, 37	29, 19, 6
118	54, 85	30, 4, 9
119	55, 30	30, 9, 9
120	55, 78	30, 15, 0
121	56, 23	31, 0, 0
122	56, 71	31, 5, 3
123	57, 16	31, 10, 3
124	57, 64	31, 15, 6
125	58, 9	32, 0, 6
126	58, 57	32, 5, 9
127	59, 2	32, 10, 9
128	59, 50	32, 16, 0
129	59, 95	33, 1, 0
130	60, 43	33, 6, 3
131	60, 88	33, 11, 3
132	61, 36	33, 16, 6
133	61, 81	34, 1, 6
134	62, 29	34, 6, 9
135	62, 74	34, 11, 9
136	63, 22	34, 17, 0
137	63, 67	35, 2, 0
138	64, 14	35, 7, 3
139	64, 60	35, 12, 3
140	65, 7	35, 17, 6
141	65, 53	36, 2, 6
142	66, 0	36, 7, 9
143	66, 46	36, 12, 9
144	66, 93	36, 18, 0
145	67, 39	37, 3, 0
146	67, 86	37, 8, 3
147	68, 32	37, 13, 3
148	68, 79	37, 18, 6
149	69, 25	38, 3, 6
150	69, 72	38, 8, 9

Nombre	francs ct.	courant flor. s. den (guld. s. den)			Nombre	francs ct.	courant flor. s. den (guld. s. den)		
50	23, 80	13,	2,	6	101	48, 9	26,	10,	3
51	24, 28	13,	7,	9	102	48, 57	26,	15,	6
52	24, 76	13,	13,	0	103	49, 4	27,	0,	9
53	25, 23	13,	18,	3	104	49, 52	27,	6,	0
54	25, 71	14,	3,	6	105	50, 0	27,	11,	3
55	26, 19	14,	8,	9	106	50, 47	27,	16,	6
56	26, 66	14,	14,	0	107	50, 95	28,	1,	9
57	27, 14	14,	19,	3	108	51, 42	28,	7,	0
58	27, 61	15,	4,	6	109	51, 90	28,	12,	3
59	28, 9	15,	9,	9	110	52, 38	28,	17,	6
60	28, 57	15,	15,	0	111	52, 85	29,	2,	9
61	29, 4	16,	0,	3	112	53, 33	29,	8,	0
62	29, 52	16,	5,	6	113	53, 80	29,	13,	3
63	30, 0	16,	10,	9	114	54, 28	29,	18,	6
64	30, 47	16,	16,	0	115	54, 76	30,	3,	9
65	30, 95	17,	1,	3	116	55, 23	30,	9,	0
66	31, 42	17,	6,	6	117	55, 71	30,	14,	3
67	31, 90	17,	11,	9	118	56, 19	30,	19,	6
68	32, 38	17,	17,	0	119	56, 66	31,	4,	9
69	32, 85	18,	2,	3	120	57, 14	31,	10,	0
70	33, 33	18,	7,	6	121	57, 61	31,	15,	3
71	33, 80	18,	12,	9	122	58, 9	32,	0,	6
72	34, 28	18,	18,	0	123	58, 57	32,	5,	9
73	34, 76	19,	3,	3	124	59, 4	32,	11,	0
74	35, 23	19,	8,	6	125	59, 52	32,	16,	3
75	35, 71	19,	13,	9	126	60, 0	33,	1,	6
76	36, 19	19,	19,	0	127	60, 47	33,	6,	9
77	36, 66	20,	4,	3	128	60, 95	33,	12,	0
78	37, 14	20,	9,	6	129	61, 42	33,	17,	3
79	37, 61	20,	14,	9	130	61, 90	34,	2,	6
80	38, 9	21,	0,	0	131	62, 38	34,	7,	9
81	38, 57	21,	5,	3	132	62, 85	34,	13,	0
82	39, 4	21,	10,	6	133	63, 33	34,	18,	3
83	39, 52	21,	15,	9	134	63, 80	35,	3,	6
84	40, 0	22,	1,	0	135	64, 28	35,	8,	9
85	40, 47	22,	6,	3	136	64, 76	35,	14,	0
86	40, 95	22,	11,	6	137	65, 24	35,	19,	3
87	41, 42	22,	16,	9	138	65, 71	36,	4,	6
88	41, 90	23,	2,	0	139	66, 19	36,	9,	9
89	42, 38	23,	7,	3	140	66, 66	36,	15,	0
90	42, 85	23,	12,	6	141	67, 14	37,	0,	3
91	43, 33	23,	17,	9	142	67, 62	37,	5,	6
92	43, 80	24,	3,	0	143	68, 9	37,	10,	9
93	44, 28	24,	8,	3	144	68, 57	37,	16,	0
94	44, 76	24,	13,	6	145	69, 4	38,	1,	3
95	45, 23	24,	18,	9	146	69, 52	38,	6,	6
96	45, 71	25,	4,	0	147	70, 0	38,	11,	9
97	46, 19	25,	9,	3	148	70, 47	38,	17,	0
98	46, 66	25,	14,	6	149	70, 95	39,	2,	3
99	47, 14	25,	19,	9	150	71, 42	39,	7,	6
100	47, 61	26,	5,	0					

Nombre	francs ct.	courant. flor. s. den / guld. s. den	Nombre	francs ct.	courant. flor. s. den / guld. s. den
50	24,37	13.8.9	101	49.22	27.2.9
51	24,85	13.14.0	102	49.72	27.8.3
52	25,35	13.19.6	103	50.20	27.13.6
53	25,82	14.4.9	104	50.70	27.19.0
54	26,32	14.10.3	105	51.17	28.4.3
55	26,80	14.15.6	106	51.67	28.9.9
56	27,30	15.1.0	107	52.15	28.15.0
57	27,77	15.6.3	108	52.65	29.0.6
58	28,27	15.11.9	109	53.12	29.5.9
59	28,75	15.17.0	110	53.62	29.11.3
60	29,25	16.2.6	111	54.10	29.16.6
61	29,72	16.7.9	112	54.60	30.2.0
62	30,22	16.13.3	113	55.7	30.7.3
63	30,70	16.18.6	114	55.57	30.12.9
64	31,20	17.4.0	115	56.5	30.18.0
65	31,67	17.9.3	116	56.55	31.3.6
66	32,17	17.14.9	117	57.2	31.8.9
67	32,65	18.0.0	118	57.52	31.14.3
68	33,15	18.5.6	119	58.0	31.19.6
69	33,62	18.10.9	120	58.50	32.5.0
70	34,12	18.16.3	121	58.97	32.10.3
71	34,60	19.1.6	122	59.47	32.15.9
72	35,10	19.7.0	123	59.95	33.1.0
73	35,57	19.12.3	124	60.45	33.6.6
74	36,7	19.17.9	125	60.92	33.11.9
75	36,55	20.3.0	126	61.42	33.17.3
76	37,5	20.8.6	127	61.90	34.2.6
77	37,52	20.13.9	128	62.40	34.8.0
78	38,2	20.19.3	129	62.88	34.13.3
79	38,50	21.4.6	130	63.37	34.18.9
80	39,0	21.10.0	131	63.85	35.4.0
81	39,47	21.15.3	132	64.35	35.9.6
82	39,97	22.0.9	133	64.83	35.14.9
83	40,45	22.6.0	134	65.32	36.0.3
84	40,95	22.11.6	135	65.80	36.5.6
85	41,42	22.16.9	136	66.30	36.11.0
86	41,92	23.2.3	137	66.78	36.16.3
87	42,40	23.7.6	138	67.27	37.1.9
88	42,90	23.13.0	139	67.75	37.7.0
89	43,37	23.18.3	140	68.25	37.12.6
90	43,87	24.3.9	141	68.73	37.17.9
91	44,35	24.9.0	142	69.22	38.3.3
92	44,85	24.14.6	143	69.70	38.8.6
93	45,32	24.19.9	144	70.20	38.14.0
94	45,82	25.5.3	145	70.68	38.19.3
95	46,30	25.10.6	146	71.17	39.4.9
96	46,80	25.16.0	147	71.65	39.10.0
97	47,27	26.1.3	148	72.15	39.15.6
98	47,77	26.6.9	149	72.63	40.0.9
99	48,25	26.12.0	150	73.12	40.6.3
100	48,75	26.17.6			

Nombre	francs ct.	courant. flor. s. den. (guld. s. den)	Nombre	francs ct.	courant. flor. s. dén (guld. s. den)
50	24 , 94	13 , 15 , 0	101	50 , 38	27 , 15 , 6
51	25 , 44	14 , 0 , 6	102	50 , 88	28 , 1 , 0
52	25 , 94	14 , 6 , 0	103	51 , 38	28 , 6 , 6
53	26 , 43	14 , 11 , 6	104	51 , 88	28 , 12 , 0
54	26 , 93	14 , 17 , 0	105	52 , 38	28 , 17 , 6
55	27 , 43	15 , 2 , 6	106	52 , 87	29 , 3 , 0
56	27 , 93	15 , 8 , 0	107	53 , 37	29 , 8 , 6
57	28 , 43	15 , 13 , 6	108	53 , 87	29 , 14 , 0
58	28 , 93	15 , 19 , 0	109	54 , 37	29 , 19 , 6
59	29 , 43	16 , 4 , 6	110	54 , 87	30 , 5 , 0
60	29 , 93	16 , 10 , 0	111	55 , 37	30 , 10 , 6
61	30 , 43	16 , 15 , 6	112	55 , 87	30 , 16 , 0
62	30 , 92	17 , 1 , 0	113	56 , 37	31 , 1 , 6
63	31 , 42	17 , 6 , 6	114	56 , 87	31 , 7 , 0
64	31 , 92	17 , 12 , 0	115	57 , 36	31 , 12 , 6
65	32 , 42	17 , 17 , 6	116	57 , 86	31 , 18 , 0
66	32 , 92	18 , 3 , 0	117	58 , 36	32 , 3 , 6
67	33 , 42	18 , 8 , 6	118	58 , 86	32 , 9 , 0
68	33 , 92	18 , 14 , 0	119	59 , 36	32 , 14 , 6
69	34 , 42	18 , 19 , 6	120	59 , 86	33 , 0 , 0
70	34 , 92	19 , 5 , 0	121	60 , 36	33 , 5 , 6
71	35 , 41	19 , 10 , 6	122	60 , 86	33 , 11 , 0
72	35 , 91	19 , 16 , 0	123	61 , 36	33 , 16 , 6
73	36 , 41	20 , 1 , 6	124	61 , 85	34 , 2 , 0
74	36 , 91	20 , 7 , 0	125	62 , 35	34 , 7 , 6
75	37 , 41	20 , 12 , 6	126	62 , 85	34 , 13 , 0
76	37 , 91	20 , 18 , 0	127	63 , 35	34 , 18 , 6
77	38 , 41	21 , 3 , 6	128	63 , 85	35 , 4 , 0
78	38 , 91	21 , 9 , 0	129	64 , 35	35 , 9 , 6
79	39 , 41	21 , 14 , 6	130	64 , 85	35 , 15 , 0
80	39 , 90	22 , 0 , 0	131	65 , 35	36 , 0 , 6
81	40 , 40	22 , 5 , 6	132	65 , 85	36 , 6 , 0
82	40 , 90	22 , 11 , 0	133	66 , 34	36 , 11 , 6
83	41 , 40	22 , 16 , 6	134	66 , 84	36 , 17 , 0
84	41 , 90	23 , 2 , 0	135	67 , 34	37 , 2 , 6
85	42 , 40	23 , 7 , 6	136	67 , 84	37 , 8 , 0
86	42 , 90	23 , 13 , 0	137	68 , 34	37 , 13 , 6
87	43 , 40	23 , 18 , 6	138	68 , 84	37 , 19 , 0
88	43 , 90	24 , 4 , 0	139	69 , 34	38 , 4 , 6
89	44 , 39	24 , 9 , 6	140	69 , 84	38 , 10 , 0
90	44 , 89	24 , 15 , 0	141	70 , 34	38 , 15 , 6
91	45 , 39	25 , 0 , 6	142	70 , 83	39 , 1 , 0
92	45 , 89	25 , 6 , 0	143	71 , 33	39 , 6 , 6
93	46 , 39	25 , 11 , 6	144	71 , 83	39 , 12 , 0
94	46 , 89	25 , 17 , 0	145	72 , 33	39 , 17 , 6
95	47 , 39	26 , 2 , 6	146	72 , 83	40 , 3 , 0
96	47 , 89	26 , 8 , 0	147	73 , 33	40 , 8 , 6
97	48 , 39	26 , 13 , 6	148	73 , 83	40 , 14 , 0
98	48 , 88	26 , 19 , 0	149	74 , 33	40 , 19 , 6
99	49 , 38	27 , 4 , 6	150	74 , 83	41 , 5 , 0
100	49 , 88	27 , 10 , 0			G

Nombre	francs	ct.	courant guld.	s.	den.	Nombre	francs	ct.	courant guld.	s.	den.
50	25	51	14	1	3	101	51	51	28	8	0
51	26	0	14	6	9	102	52	4	28	13	9
52	26	53	14	12	6	103	52	53	28	19	3
53	27	2	14	18	0	104	53	6	29	5	0
54	27	55	15	3	9	105	53	56	29	10	6
55	28	5	15	9	3	106	54	8	29	16	3
56	28	57	15	15	0	107	54	58	30	1	9
57	29	7	16	0	6	108	55	10	30	7	6
58	29	59	16	6	3	109	55	60	30	13	0
59	30	9	16	11	9	110	56	12	30	18	9
60	30	61	16	17	6	111	56	62	31	4	3
61	31	11	17	3	0	112	57	14	31	10	0
62	31	63	17	8	9	113	57	64	31	15	6
63	32	13	17	14	3	114	58	16	32	1	3
64	32	65	18	0	0	115	58	66	32	6	9
65	33	15	18	5	6	116	59	18	32	12	6
66	33	67	18	11	3	117	59	68	32	18	0
67	34	17	18	16	9	118	60	20	33	3	9
68	34	69	19	2	6	119	60	70	33	9	3
69	35	19	19	8	0	120	61	22	33	15	0
70	35	71	19	13	9	121	61	72	34	0	6
71	36	21	19	19	3	122	62	24	34	6	3
72	36	73	20	5	0	123	62	74	34	11	9
73	37	23	20	10	6	124	63	26	34	17	6
74	37	75	20	16	3	125	63	76	35	3	0
75	38	25	21	1	9	126	64	28	35	8	9
76	38	77	21	7	6	127	64	78	35	14	3
77	39	27	21	13	0	128	65	30	36	0	0
78	39	79	21	18	9	129	65	80	36	5	6
79	40	29	22	4	3	130	66	32	36	11	3
80	40	81	22	10	0	131	66	82	36	16	9
81	41	31	22	15	6	132	67	34	37	2	6
82	41	83	23	1	3	133	67	84	37	8	0
83	42	33	23	6	9	134	68	36	37	13	9
84	42	85	23	12	6	135	68	86	37	19	3
85	43	35	23	18	0	136	69	38	38	5	0
86	43	87	24	3	9	137	69	88	38	10	6
87	44	37	24	9	3	138	70	40	38	16	3
88	44	89	24	15	0	139	70	90	39	1	9
89	45	39	25	0	6	140	71	42	39	7	6
90	45	91	25	6	3	141	71	92	39	13	0
91	46	41	25	11	9	142	72	44	39	18	9
92	46	93	25	17	6	143	72	94	40	4	3
93	47	43	26	3	0	144	73	46	40	10	0
94	47	95	26	8	9	145	73	96	40	15	6
95	48	45	26	14	3	146	74	48	41	1	3
96	48	97	27	0	0	147	74	98	41	6	9
97	49	47	27	5	6	148	75	50	41	12	6
98	50	0	27	11	3	149	76	0	41	18	0
99	50	49	27	16	9	150	76	53	42	3	9
100	51	2	28	2	6						

Nombre	francs ct.	courant flor. s. den / guld. s. den	Nombre	francs ct.	courant flor. s. den / guld. s. den
50	26, 7	14, 7, 6	101	52, 67	29, 0, 9
51	26, 59	14, 13, 3	102	53, 19	29, 6, 6
52	27, 12	14, 19, 0	103	53, 71	29, 12, 3
53	27, 64	15, 4, 9	104	54, 24	29, 18, 0
54	28, 16	15, 10, 6	105	54, 76	30, 3, 9
55	28, 68	15, 16, 3	106	55, 28	30, 9, 6
56	29, 20	16, 2, 0	107	55, 80	30, 15, 3
57	29, 72	16, 7, 9	108	56, 32	31, 1, 0
58	30, 24	16, 13, 6	109	56, 84	31, 6, 9
59	30, 77	16, 19, 3	110	57, 36	31, 12, 6
60	31, 29	17, 5, 0	111	57, 89	31, 18, 3
61	31, 81	17, 10, 9	112	58, 41	32, 4, 0
62	32, 33	17, 16, 6	113	58, 93	32, 9, 9
63	32, 85	18, 2, 3	114	59, 45	32, 15, 6
64	33, 37	18, 8, 0	115	59, 97	33, 1, 3
65	33, 90	18, 13, 9	116	60, 49	33, 7, 0
66	34, 42	18, 19, 6	117	61, 2	33, 12, 9
67	34, 94	19, 5, 3	118	61, 54	33, 18, 6
68	35, 46	19, 11, 0	119	62, 6	34, 4, 3
69	35, 98	19, 16, 9	120	62, 58	34, 10, 0
70	36, 50	20, 2, 6	121	63, 10	34, 15, 9
71	37, 2	20, 8, 3	122	63, 62	35, 1, 6
72	37, 55	20, 14, 0	123	64, 14	35, 7, 3
73	38, 7	20, 19, 9	124	64, 67	35, 13, 0
74	38, 59	21, 5, 6	125	65, 19	35, 18, 9
75	39, 11	21, 11, 3	126	65, 71	36, 4, 6
76	39, 63	21, 17, 0	127	66, 23	36, 10, 3
77	40, 15	22, 2, 9	128	66, 75	36, 16, 0
78	40, 68	22, 8, 6	129	67, 27	37, 1, 9
79	41, 20	22, 14, 3	130	67, 80	37, 7, 6
80	41, 72	23, 0, 0	131	68, 32	37, 13, 3
81	42, 24	23, 5, 9	132	68, 84	37, 19, 0
82	42, 76	23, 11, 6	133	69, 36	38, 4, 9
83	43, 28	23, 17, 3	134	69, 88	38, 10, 6
84	43, 80	24, 3, 0	135	70, 40	38, 16, 3
85	44, 33	24, 8, 9	136	70, 92	39, 2, 0
86	44, 85	24, 14, 6	137	71, 45	39, 7, 9
87	45, 37	25, 0, 3	138	71, 97	39, 13, 6
88	45, 89	25, 6, 0	139	72, 49	39, 19, 3
89	46, 41	25, 11, 9	140	73, 1	40, 5, 0
90	46, 93	25, 17, 6	141	73, 53	40, 10, 9
91	47, 46	26, 3, 3	142	74, 5	40, 16, 6
92	47, 98	26, 9, 0	143	74, 58	41, 2, 3
93	48, 50	26, 14, 9	144	75, 10	41, 8, 0
94	49, 2	27, 0, 6	145	75, 62	41, 13, 9
95	49, 54	27, 6, 3	146	76, 14	41, 19, 6
96	50, 6	27, 12, 0	147	76, 66	42, 5, 3
97	50, 58	27, 17, 9	148	77, 18	42, 11, 0
98	51, 11	28, 3, 6	149	77, 70	42, 16, 9
99	51, 63	28, 9, 3	150	78, 23	43, 2, 6
100	52, 15	28, 15, 0			

Nombre	francs ct.	courant. flor. / guld. s. den	Nombre	francs ct.	courant. flor. / guld. s. den
50	26, 64	14, 13, 9	101	53, 80	29, 13, 3
51	27, 16	14, 19, 6	102	54, 35	29, 19, 3
52	27, 70	15, 5, 6	103	54, 87	30, 5, 0
53	28, 23	15, 11, 3	104	55, 41	30, 11, 0
54	28, 77	15, 17, 3	105	55, 94	30, 16, 9
55	29, 29	16, 3, 0	106	56, 48	31, 2, 9
56	29, 84	16, 9, 0	107	57, 0	31, 8, 6
57	30, 36	16, 14, 9	108	57, 55	31, 14, 6
58	30, 90	17, 0, 9	109	58, 7	32, 0, 3
59	31, 42	17, 6, 6	110	58, 61	32, 6, 3
60	31, 97	17, 12, 6	111	59, 13	32, 12, 0
61	32, 49	17, 18, 3	112	59, 68	32, 18, 0
62	33, 3	18, 4, 3	113	60, 20	33, 3, 9
63	33, 56	18, 10, 0	114	60, 74	33, 9, 9
64	34, 10	18, 16, 0	115	61, 26	33, 15, 6
65	34, 62	19, 1, 9	116	61, 81	34, 1, 6
66	35, 16	19, 7, 9	117	62, 33	34, 7, 3
67	35, 69	19, 13, 6	118	62, 88	34, 13, 3
68	36, 23	19, 19, 6	119	63, 40	34, 19, 0
69	36, 75	20, 5, 3	120	63, 94	35, 5, 0
70	37, 30	20, 11, 3	121	64, 46	35, 10, 9
71	37, 82	20, 17, 0	122	65, 1	35, 16, 9
72	38, 36	21, 3, 0	123	65, 53	36, 2, 6
73	38, 88	21, 8, 9	124	66, 7	36, 8, 6
74	39, 43	21, 14, 9	125	66, 59	36, 14, 3
75	39, 95	22, 0, 6	126	67, 14	37, 0, 3
76	40, 49	22, 6, 6	127	67, 66	37, 6, 0
77	41, 2	22, 12, 3	128	68, 20	37, 12, 0
78	41, 56	22, 18, 3	129	68, 73	37, 17, 9
79	42, 8	23, 4, 0	130	69, 27	38, 3, 9
80	42, 63	23, 10, 0	131	69, 79	38, 9, 6
81	43, 15	23, 15, 9	132	70, 34	38, 15, 6
82	43, 69	24, 1, 9	133	70, 86	39, 1, 3
83	44, 21	24, 7, 6	134	71, 40	39, 7, 3
84	44, 76	24, 13, 6	135	71, 92	39, 13, 0
85	45, 28	24, 19, 3	136	72, 47	39, 19, 0
86	45, 82	25, 5, 3	137	72, 99	40, 4, 9
87	46, 34	25, 11, 0	138	73, 53	40, 10, 9
88	46, 89	25, 17, 0	139	74, 5	40, 16, 6
89	47, 41	26, 2, 9	140	74, 60	41, 2, 6
90	47, 95	26, 8, 9	141	75, 12	41, 8, 3
91	48, 48	26, 14, 6	142	75, 66	41, 14, 3
92	49, 2	27, 0, 6	143	76, 20	42, 0, 0
93	49, 54	27, 6, 3	144	76, 73	42, 6, 0
94	50, 9	27, 12, 3	145	77, 25	42, 11, 9
95	50, 61	27, 18, 0	146	77, 80	42, 17, 9
96	51, 15	28, 4, 0	147	78, 32	43, 3, 6
97	51, 67	28, 9, 9	148	78, 86	43, 9, 6
98	52, 22	28, 15, 9	149	79, 38	43, 15, 3
99	52, 74	29, 1, 6	150	79, 93	44, 1, 3
100	53, 28	29, 7, 6			

Nombre	francs ct.	courant. flor. s. den / guld. s. den			Nombre	francs ct.	courant. flor. s. den / guld. s. den		
50	27, 21	15	0	0	101	54, 96	30	6	0
51	27, 75	15	6	0	102	55, 51	30	12	0
52	28, 29	15	12	0	103	56, 5	30	18	0
53	28, 84	15	18	0	104	56, 59	31	4	0
54	29, 38	16	4	0	105	57, 14	31	10	0
55	29, 93	16	10	0	106	57, 68	31	16	0
56	30, 47	16	16	0	107	58, 23	32	2	0
57	31, 2	17	2	0	108	58, 77	32	8	0
58	31, 56	17	8	0	109	59, 31	32	14	0
59	32, 10	17	14	0	110	59, 86	33	0	0
60	32, 65	18	0	0	111	60, 40	33	6	0
61	33, 19	18	6	0	112	60, 95	33	12	0
62	33, 74	18	12	0	113	61, 49	33	18	0
63	34, 28	18	18	0	114	62, 4	34	4	0
64	34, 82	19	4	0	115	62, 58	34	10	0
65	35, 37	19	10	0	116	63, 12	34	16	0
66	35, 91	19	16	0	117	63, 67	35	2	0
67	36, 46	20	2	0	118	64, 21	35	8	0
68	37, 0	20	8	0	119	64, 76	35	14	0
69	37, 55	20	14	0	120	65, 30	36	0	0
70	38, 9	21	0	0	121	65, 85	36	6	0
71	38, 63	21	6	0	122	66, 39	36	12	0
72	39, 18	21	12	0	123	66, 93	36	18	0
73	39, 72	21	18	0	124	67, 48	37	4	0
74	40, 27	22	4	0	125	68, 2	37	10	0
75	40, 81	22	10	0	126	68, 57	37	16	0
76	41, 36	22	16	0	127	69, 11	38	2	0
77	41, 90	23	2	0	128	69, 65	38	8	0
78	42, 44	23	8	0	129	70, 20	38	14	0
79	42, 99	23	14	0	130	70, 74	39	0	0
80	43, 53	24	0	0	131	71, 29	39	6	0
81	44, 8	24	6	0	132	71, 83	39	12	0
82	44, 62	24	12	0	133	72, 38	39	18	0
83	45, 17	24	18	0	134	72, 92	40	4	0
84	45, 71	25	4	0	135	73, 46	40	10	0
85	46, 25	25	10	0	136	74, 1	40	16	0
86	46, 80	25	16	0	137	74, 55	41	2	0
87	47, 34	26	2	0	138	75, 10	41	8	0
88	47, 89	26	8	0	139	75, 64	41	14	0
89	48, 43	26	14	0	140	76, 19	42	0	0
90	48, 97	27	0	0	141	76, 73	42	6	0
91	49, 52	27	6	0	142	77, 27	42	12	0
92	50, 6	27	12	0	143	77, 82	42	18	0
93	50, 61	27	18	0	144	78, 36	43	4	0
94	51, 15	28	4	0	145	78, 91	43	10	0
95	51, 70	28	10	0	146	79, 45	43	16	0
96	52, 24	28	16	0	147	79, 99	44	2	0
97	52, 78	29	2	0	148	80, 54	44	8	0
98	53, 33	29	8	0	149	81, 8	44	14	0
99	53, 87	29	14	0	150	81, 63	45	0	0
100	54, 42	30	0	0					

Nombre	francs ct.	courant. flor. s. den / guld. s. den	Nombre	francs ct.	courant. flor. s. den / guld. s. den
50	27, 77	15, 6, 3	101	56, 9	30, 18, 6
51	28, 32	15, 12, 3	102	56, 66	31, 4, 9
52	28, 88	15, 18, 6	103	57, 21	31, 10, 9
53	29, 43	16, 4, 6	104	57, 77	31, 17, 0
54	30, 0	16, 10, 9	105	58, 32	32, 3, 0
55	30, 54	16, 16, 9	106	58, 88	32, 9, 3
56	31, 11	17, 3, 0	107	59, 43	32, 15, 3
57	31, 65	17, 9, 0	108	60, 0	33, 1, 6
58	32, 22	17, 15, 3	109	60, 54	33, 7, 6
59	32, 76	18, 1, 3	110	61, 11	33, 13, 9
60	33, 33	18, 7, 6	111	61, 65	33, 19, 9
61	33, 87	18, 13, 6	112	62, 22	34, 6, 0
62	34, 44	18, 19, 9	113	62, 76	34, 12, 0
63	34, 98	19, 5, 9	114	63, 33	34, 18, 3
64	35, 55	19, 12, 0	115	63, 87	35, 4, 3
65	36, 9	19, 18, 0	116	64, 44	35, 10, 6
66	36, 66	20, 4, 3	117	64, 98	35, 16, 6
67	37, 21	20, 10, 3	118	65, 55	36, 2, 9
68	37, 77	20, 16, 6	119	66, 9	36, 8, 9
69	38, 32	21, 2, 6	120	66, 66	36, 15, 0
70	38, 88	21, 8, 9	121	67, 21	37, 1, 0
71	39, 43	21, 14, 9	122	67, 77	37, 7, 3
72	40, 0	22, 1, 0	123	68, 32	37, 13, 3
73	40, 54	22, 7, 0	124	68, 88	37, 19, 6
74	41, 11	22, 13, 3	125	69, 43	38, 5, 6
75	41, 65	22, 19, 3	126	70, 0	38, 11, 9
76	42, 22	23, 5, 6	127	70, 54	38, 17, 9
77	42, 76	23, 11, 6	128	71, 11	39, 4, 0
78	43, 33	23, 17, 9	129	71, 65	39, 10, 0
79	43, 87	24, 3, 9	130	72, 22	39, 16, 3
80	44, 44	24, 10, 0	131	72, 76	40, 2, 3
81	44, 98	24, 16, 0	132	73, 33	40, 8, 6
82	45, 55	25, 2, 3	133	73, 87	40, 14, 6
83	46, 9	25, 8, 3	134	74, 44	41, 0, 9
84	46, 66	25, 14, 6	135	74, 98	41, 6, 9
85	47, 21	26, 0, 6	136	75, 55	41, 13, 0
86	47, 77	26, 6, 9	137	76, 9	41, 19, 0
87	48, 32	26, 12, 9	138	76, 66	42, 5, 3
88	48, 88	26, 19, 0	139	77, 21	42, 11, 3
89	49, 43	27, 5, 0	140	77, 77	42, 17, 6
90	50, 0	27, 11, 3	141	78, 32	43, 3, 6
91	50, 54	27, 17, 3	142	78, 88	43, 9, 9
92	51, 11	28, 3, 6	143	79, 43	43, 15, 9
93	51, 65	28, 9, 6	144	80, 0	44, 2, 0
94	52, 22	28, 15, 9	145	80, 54	44, 8, 0
95	52, 76	29, 1, 9	146	81, 11	44, 14, 3
96	53, 33	29, 8, 0	147	81, 65	45, 0, 3
97	53, 87	29, 14, 0	148	82, 22	45, 6, 6
98	54, 44	30, 0, 3	149	82, 76	45, 12, 6
99	54, 98	30, 6, 3	150	83, 33	45, 18, 9
100	55, 55	30, 12, 6			

Nombre	francs ct.	courant. flor. s. den guld. s. den	Nombre	francs ct.	courant. flor. s. den guld. s. den
50	28 , 34	15 , 12 , 6	101	57 , 25	31 , 11 , 3
51	28 , 91	15 , 18 , 9	102	57 , 82	31 , 17 , 6
52	29 , 47	16 , 5 , 0	103	58 , 39	32 , 3 , 9
53	30 , 4	16 , 11 , 3	104	58 , 95	32 , 12 , 0
54	30 , 61	16 , 17 , 6	105	59 , 52	32 , 16 , 3
55	31 , 17	17 , 3 , 9	106	60 , 9	33 , 2 , 6
56	31 , 74	17 , 10 , 0	107	60 , 65	33 , 8 , 9
57	32 , 31	17 , 16 , 3	108	61 , 22	33 . 15 , 0
58	32 , 87	18 , 2 , 6	109	61 , 79	34 , 1 , 3
59	33 , 44	18 , 8 , 9	110	62 , 35	34 , 7 , 6
60	34 , 1	18 , 15 , 0	111	62 , 92	34 , 13 , 9
61	34 , 58	19 , 1 , 3	112	63 , 49	35 , 0 , 0
62	35 , 14	19 , 7 , 6	113	64 , 5	35 , 6 , 3
63	35 , 71	19 , 13 , 9	114	64 , 62	35 , 12 , 6
64	36 , 28	20 , 0 , 0	115	65 , 19	35 , 18 , 9
65	36 , 84	20 , 6 , 3	116	65 , 75	36 , 5 , 0
66	37 , 41	20 , 12 , 6	117	66 , 32	36 , 11 , 3
67	37 , 98	20 , 18 , 9	118	66 , 89	36 , 17 , 6
68	38 , 54	21 , 5 , 0	119	67 , 46	37 , 3 , 9
69	39 , 11	21 , 11 , 3	120	68 , 2	37 , 10 , 0
70	39 , 68	21 , 17 , 6	121	68 , 59	37 , 16 , 3
71	40 , 24	22 , 3 , 9	122	69 , 16	38 , 2 , 6
72	40 , 81	22 , 10 , 0	123	69 , 72	38 , 8 , 9
73	41 , 38	22 , 16 , 3	124	70 , 29	38 , 15 , 0
74	41 , 95	23 , 2 , 6	125	70 , 86	39 , 1 , 3
75	42 , 51	23 , 8 , 9	126	71 , 42	39 , 7 , 6
76	43 , 8	23 , 15 , 0	127	71 , 99	39 , 13 , 9
77	43 , 65	24 , 1 , 3	128	72 , 56	40 , 0 , 0
78	44 , 21	24 , 7 , 6	129	73 , 12	40 , 6 , 3
79	44 , 78	24 , 13 , 9	130	73 , 69	40 , 12 , 6
80	45 , 35	25 , 0 , 0	131	74 , 26	40 , 18 , 9
81	45 , 91	25 , 6 , 3	132	74 , 83	41 , 5 , 0
82	46 , 48	25 , 12 , 6	133	75 , 39	41 , 11 , 3
83	47 , 5	25 , 18 , 9	134	75 , 96	41 , 17 , 6
84	47 , 61	26 , 5 , 0	135	76 , 53	42 , 3 , 9
85	48 , 18	26 , 11 , 3	136	77 , 9	42 , 10 , 0
86	48 , 75	26 , 17 , 6	137	77 , 66	42 , 16 , 3
87	49 , 31	27 , 3 , 9	138	78 , 23	43 , 2 , 6
88	49 , 88	27 , 10 , 0	139	78 , 79	43 , 8 , 9
89	50 , 45	27 , 16 , 3	140	79 , 36	43 , 15 , 0
90	51 , 2	28 , 2 , 6	141	79 , 93	44 , 1 , 3
91	51 , 58	28 , 8 , 9	142	80 , 49	44 , 7 , 6
92	52 , 15	28 , 15 , 0	143	81 , 6	44 , 13 , 9
93	52 , 72	29 , 1 , 3	144	81 , 63	45 , 0 , 0
94	53 , 28	29 , 7 , 6	145	82 , 19	45 , 6 , 3
95	53 , 85	29 , 13 , 9	146	82 , 76	45 , 12 , 6
96	54 , 42	30 , 0 , 0	147	83 , 33	45 , 18 , 9
97	54 , 98	30 , 6 , 3	148	83 , 90	46 , 5 , 0
98	55 , 55	30 , 12 , 6	149	84 , 46	46 , 11 , 3
99	56 , 12	30 , 18 , 9	150	85 , 3	46 , 17 , 6
100	56 , 68	31 , 5 , 0			

Nombre	francs ct.	courant. flor. s. den / guld. s. den	Nombre	francs ct.	courant. flor. s. den / guld. s. den
50	28 , 91	15 . 18 . 9	101	58 . 39	32 . 3 . 9
51	29 , 47	16 . 5 . 0	102	58 . 97	32 . 10 . 3
52	30 , 6	16 . 11 . 6	103	59 . 54	32 . 16 . 6
53	30 , 63	16 . 17 . 9	104	60 . 13	33 . 3 . 0
54	31 , 22	17 . 4 . 3	105	60 . 70	33 . 9 . 3
55	31 , 79	17 . 10 . 6	106	61 . 29	33 . 15 . 9
56	32 , 38	17 . 17 . 0	107	61 . 85	34 . 2 . 0
57	32 , 94	18 . 3 . 3	108	62 . 44	34 . 8 . 6
58	33 , 53	18 . 9 . 9	109	63 . 1	34 . 14 . 9
59	34 , 10	18 . 16 . 0	110	63 . 60	35 . 1 . 3
60	34 , 69	19 . 2 . 6	111	64 . 17	35 . 7 . 6
61	35 , 26	19 . 8 . 9	112	64 . 76	35 . 14 . 0
62	35 , 85	19 . 15 . 3	113	65 . 32	36 . 0 . 3
63	36 , 41	20 . 1 . 6	114	65 . 91	36 . 6 . 9
64	37 , 0	20 . 8 . 0	115	66 . 48	36 . 13 . 0
65	37 , 57	20 . 14 . 3	116	67 . 7	36 . 19 . 6
66	38 , 16	21 . 0 . 9	117	67 . 64	37 . 5 . 9
67	38 , 73	21 . 7 . 0	118	68 . 23	37 . 12 . 3
68	39 , 31	21 . 13 . 6	119	68 . 79	37 . 18 . 6
69	39 , 88	21 . 19 . 9	120	69 . 38	38 . 5 . 0
70	40 , 47	22 . 6 . 3	121	69 . 95	38 . 11 . 3
71	41 , 4	22 . 12 . 6	122	70 . 54	38 . 17 . 9
72	41 , 63	22 . 19 . 0	123	71 . 11	39 . 4 . 0
73	42 , 19	23 . 5 . 3	124	71 . 70	39 . 10 . 6
74	42 , 78	23 . 11 . 9	125	72 . 26	39 . 16 . 9
75	43 , 35	23 . 18 . 0	126	72 . 85	40 . 3 . 3
76	43 , 94	24 . 4 . 6	127	73 . 42	40 . 9 . 6
77	44 , 51	24 . 10 . 9	128	74 . 1	40 . 16 . 0
78	45 , 10	24 . 17 . 3	129	74 . 58	41 . 2 . 3
79	45 , 66	25 . 3 . 6	130	75 . 17	41 . 8 . 9
80	46 , 25	25 . 10 . 0	131	75 . 73	41 . 15 . 0
81	46 , 82	25 . 16 . 3	132	76 . 32	42 . 1 . 6
82	47 , 41	26 . 2 . 9	133	76 . 89	42 . 7 . 9
83	47 , 98	26 . 9 . 0	134	77 . 48	42 . 14 . 3
84	48 , 57	26 . 15 . 6	135	78 . 5	43 . 0 . 6
85	49 , 13	27 . 1 . 9	136	78 . 63	43 . 7 . 0
86	49 , 72	27 . 8 . 3	137	79 . 20	43 . 13 . 3
87	50 , 29	27 . 14 . 6	138	79 . 79	43 . 19 . 9
88	50 , 88	28 . 1 . 0	139	80 . 36	44 . 6 . 0
89	51 , 45	28 . 7 . 3	140	80 . 95	44 . 12 . 6
90	52 . 4	28 . 13 . 9	141	81 . 51	44 . 18 . 9
91	52 , 60	29 . 0 . 0	142	82 . 10	45 . 5 . 3
92	53 , 19	29 . 6 . 6	143	82 . 67	45 . 11 . 6
93	53 . 76	29 . 12 . 9	144	83 . 26	45 . 18 . 0
94	54 , 35	29 . 19 . 3	145	83 . 83	46 . 4 . 3
95	54 , 92	30 . 5 . 6	146	84 . 42	46 . 10 . 9
96	55 , 51	30 . 12 . 0	147	84 . 98	46 . 17 . 0
97	56 . 7	30 . 18 . 3	148	85 . 57	47 . 3 . 6
98	56 , 66	31 . 4 . 9	149	86 . 14	47 . 9 . 9
99	57 . 23	31 . 11 . 0	150	86 . 73	47 . 16 . 3
100	57 . 82	31 . 17 . 6			

Nombre	francs ct.	courant. flor. s. den. — guld. s. den	Nombre	francs ct.	courant. flor. s. den. — guld. s. den
50	29 , 47	16 , 5 , 0	101	59 , 54	32 , 16 , 6
51	30 , 6	16 , 11 , 6	102	60 , 13	33 , 3 , 0
52	30 , 65	16 , 18 , 0	103	60 , 72	33 , 9 , 6
53	31 , 24	17 , 4 , 6	104	61 , 31	33 , 16 , 0
54	31 , 83	17 , 11 , 0	105	61 , 90	34 , 2 , 6
55	32 , 42	17 , 17 , 6	106	62 , 49	34 , 9 , 0
56	33 , 1	18 , 4 , 0	107	63 , 8	34 , 15 , 6
57	33 , 60	18 , 10 , 6	108	63 , 67	35 , 2 , 0
58	34 , 19	18 , 17 , 0	109	64 , 26	35 , 8 , 6
59	34 , 78	19 , 3 , 6	110	64 , 85	35 , 15 , 0
60	35 , 37	19 , 10 , 0	111	65 , 44	36 , 1 , 6
61	35 , 96	19 , 16 , 6	112	66 , 3	36 , 8 , 0
62	36 , 55	20 , 3 , 0	113	66 , 62	36 , 14 , 6
63	37 , 14	20 , 9 , 6	114	67 , 21	37 , 1 , 0
64	37 , 73	20 , 16 , 0	115	67 , 80	37 , 7 , 6
65	38 , 32	21 , 2 , 6	116	68 , 39	37 , 14 , 0
66	38 , 91	21 , 9 , 0	117	68 , 97	38 , 0 , 6
67	39 , 50	21 , 15 , 6	118	69 , 56	38 , 7 , 0
68	40 , 9	22 , 2 , 0	119	70 , 15	38 , 13 , 6
69	40 , 68	22 , 8 , 6	120	70 , 74	39 , 0 , 0
70	41 , 27	22 , 15 , 0	121	71 , 33	39 , 6 , 6
71	41 , 85	23 , 1 , 6	122	71 , 92	39 , 13 , 0
72	42 , 44	23 , 8 , 0	123	72 , 51	39 , 19 , 6
73	43 , 3	23 , 14 , 6	124	73 , 10	40 , 6 , 0
74	43 , 62	24 , 1 , 0	125	73 , 69	40 , 12 , 6
75	44 , 21	24 , 7 , 6	126	74 , 28	40 , 19 , 0
76	44 , 80	24 , 14 , 0	127	74 , 87	41 , 5 , 6
77	45 , 39	25 , 0 , 6	128	75 , 46	41 , 12 , 0
78	45 , 98	25 , 7 , 0	129	76 , 5	41 , 18 , 6
79	46 , 57	25 , 13 , 6	130	76 , 64	42 , 5 , 0
80	47 , 16	26 , 0 , 0	131	77 , 23	42 , 11 , 6
81	47 , 75	26 , 6 , 6	132	77 , 82	42 , 18 , 0
82	48 , 34	26 , 13 , 0	133	78 , 41	43 , 4 , 6
83	48 , 93	26 , 19 , 6	134	79 , 0	43 , 11 , 0
84	49 , 52	27 , 6 , 0	135	79 , 59	43 , 17 , 6
85	50 , 11	27 , 12 , 6	136	80 , 18	44 , 4 , 0
86	50 , 70	27 , 19 , 0	137	80 , 77	44 , 10 , 6
87	51 , 29	28 , 5 , 6	138	81 , 36	44 , 17 , 0
88	51 , 88	28 , 12 , 0	139	81 , 95	45 , 3 , 6
89	52 , 47	28 , 18 , 6	140	82 , 53	45 , 10 , 0
90	53 , 6	29 , 5 , 0	141	83 , 12	45 , 16 , 6
91	53 , 64	29 , 11 , 6	142	83 , 71	46 , 3 , 0
92	54 , 23	29 , 18 , 0	143	84 , 30	46 , 9 , 6
93	54 , 82	30 , 4 , 6	144	84 , 89	46 , 16 , 0
94	55 , 41	30 , 11 , 0	145	85 , 48	47 , 2 , 6
95	56 , 0	30 , 17 , 6	146	86 , 7	47 , 9 , 0
96	56 , 59	31 , 4 , 0	147	86 , 66	47 , 15 , 6
97	57 , 18	31 , 10 , 6	148	87 , 25	48 , 2 , 0
98	57 , 77	31 , 17 , 0	149	87 , 84	48 , 8 , 6
99	58 , 36	32 , 3 , 6	150	88 , 43	48 , 15 , 0
100	58 , 95	32 , 10 , 0			D

Nombre	francs	ct.	guld.	x	den
50	30	4	16	11	3
51	30	63	16	17	9
52	31	24	17	4	6
53	31	83	17	11	0
54	32	44	17	17	9
55	33	3	18	4	3
56	33	65	18	11	0
57	34	24	18	17	6
58	34	85	19	4	3
59	35	44	19	10	9
60	36	5	19	17	6
61	36	64	20	4	0
62	37	25	20	10	9
63	37	84	20	17	3
64	38	45	21	4	0
65	39	4	21	10	6
66	39	66	21	17	3
67	40	24	22	3	9
68	40	86	22	10	6
69	41	45	22	17	0
70	42	6	23	3	9
71	42	65	23	10	3
72	43	26	23	17	0
73	43	85	24	3	6
74	44	46	24	10	3
75	45	5	24	16	9
76	45	66	25	3	6
77	46	25	25	10	0
78	46	87	25	16	9
79	47	46	26	3	3
80	48	7	26	10	0
81	48	66	26	16	6
82	49	27	27	3	3
83	49	86	27	9	9
84	50	47	27	16	6
85	51	6	28	3	0
86	51	67	28	9	9
87	52	26	28	16	3
88	52	87	29	3	0
89	53	46	29	9	6
90	54	8	29	16	3
91	54	67	30	2	9
92	55	28	30	9	6
93	55	87	30	16	0
94	56	48	31	2	9
95	57	7	31	9	3
96	57	68	31	16	0
97	58	27	32	2	6
98	58	88	32	9	3
99	59	47	32	15	9
100	60	9	33	2	6

Nombre	francs	ct.	guld.	x	den
101	60	68	33	9	0
102	61	29	33	15	9
103	61	88	34	2	3
104	62	49	34	9	0
105	63	8	34	15	6
106	63	69	35	2	3
107	64	28	35	8	9
108	64	89	35	15	6
109	65	48	36	2	0
110	66	9	36	8	9
111	66	68	36	15	3
112	67	36	37	2	0
113	67	89	37	8	9
114	68	50	37	15	6
115	69	9	38	1	0
116	69	70	38	8	6
117	70	29	38	15	0
118	70	90	39	1	9
119	71	49	39	8	3
120	72	10	39	15	0
121	72	69	40	1	6
122	73	31	40	8	3
123	73	90	40	14	9
124	74	51	41	1	6
125	75	10	41	8	0
126	75	71	41	14	9
127	76	30	42	1	3
128	76	91	42	8	0
129	77	50	42	14	6
130	78	11	43	1	3
131	78	70	43	7	9
132	79	31	43	14	6
133	79	90	44	1	0
134	80	52	44	7	9
135	81	11	44	14	3
136	81	72	45	1	0
137	82	31	45	7	6
138	82	92	45	14	3
139	83	51	46	0	9
140	84	12	46	7	6
141	84	71	46	14	0
142	85	32	47	0	9
143	85	91	47	7	3
144	86	53	47	14	0
145	87	12	48	0	6
146	87	73	48	7	3
147	88	32	48	13	9
148	88	93	49	0	6
149	89	52	49	7	0
150	90	13	49	13	9

Nombre	francs	ct.	courant flor. (guld.)	s.	den
50	30	61	16	17	6
51	31	22	17	4	3
52	31	83	17	11	0
53	32	44	17	17	9
54	33	6	18	4	6
55	33	67	18	11	3
56	34	28	18	18	0
57	34	89	19	4	9
58	35	50	19	11	6
59	36	12	19	18	3
60	36	73	20	5	0
61	37	34	20	11	9
62	37	95	20	18	6
63	38	57	21	5	3
64	39	18	21	12	0
65	39	79	21	18	9
66	40	40	22	5	6
67	41	2	22	12	3
68	41	63	22	19	0
69	42	24	23	5	9
70	42	85	23	12	6
71	43	46	23	19	3
72	44	8	24	6	0
73	44	69	24	12	9
74	45	30	24	19	6
75	45	91	25	6	3
76	46	52	25	13	0
77	47	14	25	19	9
78	47	75	26	6	6
79	48	36	26	13	3
80	48	97	27	0	0
81	49	59	27	6	9
82	50	20	27	13	6
83	50	81	28	0	3
84	51	42	28	7	0
85	52	4	28	13	9
86	52	65	29	0	6
87	53	26	29	7	3
88	53	87	29	14	0
89	54	48	30	0	9
90	55	10	30	7	6
91	55	71	30	14	3
92	56	32	31	1	0
93	56	93	31	7	9
94	57	55	31	14	6
95	58	16	32	1	3
96	58	77	32	8	0
97	59	38	32	14	9
98	59	99	33	1	6
99	60	61	33	8	3
100	61	22	33	15	0
101	61	83	34	1	9
102	62	44	34	8	6
103	63	6	34	15	3
104	63	67	35	2	0
105	64	28	35	8	9
106	64	89	35	15	6
107	65	51	36	2	3
108	66	12	36	9	0
109	66	73	36	15	9
110	67	34	37	2	6
111	67	95	37	9	3
112	68	57	37	16	0
113	69	18	38	2	9
114	69	79	38	9	6
115	70	40	38	16	3
116	71	2	39	3	0
117	71	63	39	9	9
118	72	24	39	16	6
119	72	85	40	3	3
120	73	46	40	10	0
121	74	8	40	16	9
122	74	69	41	3	6
123	75	30	41	10	3
124	75	91	41	17	0
125	76	53	42	3	9
126	77	14	42	10	6
127	77	75	42	17	3
128	78	36	43	4	0
129	78	97	43	10	9
130	79	59	43	17	6
131	80	20	44	4	3
132	80	81	44	11	0
133	81	42	44	17	9
134	82	4	45	4	6
135	82	65	45	11	3
136	83	26	45	18	0
137	83	87	46	4	9
138	84	49	46	11	6
139	85	10	46	18	3
140	85	71	47	5	0
141	86	32	47	11	9
142	86	93	47	18	6
143	87	55	48	5	3
144	88	16	48	12	0
145	88	77	48	18	9
146	89	38	49	5	6
147	90	0	49	12	3
148	90	61	49	19	0
149	91	22	50	5	9
150	91	83	50	12	6

Nombre	francs ct.	courant flor. (guld.)	s.	den	Nombre	francs ct.	courant flor. (guld.)	s.	den
50	31,17	17	3	9	101	62,97	34	14	3
51	31,79	17	10	6	102	63,60	35	1	3
52	32,42	17	17	6	103	64,21	35	8	0
53	33,3	18	4	3	104	64,85	35	15	0
54	33,67	18	11	3	105	65,46	36	1	9
55	34,28	18	18	0	106	66,9	36	8	9
56	34,92	19	5	0	107	66,71	36	15	6
57	35,53	19	11	9	108	67,34	37	2	6
58	36,16	19	18	9	109	67,95	37	9	3
59	36,78	20	5	6	110	68,59	37	16	3
60	37,41	20	12	6	111	69,20	38	3	0
61	38,2	20	19	3	112	69,84	38	10	0
62	38,66	21	6	3	113	70,45	38	16	9
63	39,27	21	13	0	114	71,8	39	3	9
64	39,90	22	0	0	115	71,70	39	10	6
65	40,52	22	6	9	116	72,33	39	17	6
66	41,15	22	13	9	117	72,94	40	4	3
67	41,76	23	0	6	118	73,58	40	11	3
68	42,40	23	7	6	119	74,19	40	18	0
69	43,1	23	14	3	120	74,82	41	5	0
70	43,65	24	1	3	121	75,44	41	11	9
71	44,26	24	8	0	122	76,7	41	18	9
72	44,89	24	15	0	123	76,68	42	5	6
73	45,51	25	1	9	124	77,32	42	12	6
74	46,14	25	8	9	125	77,93	42	19	3
75	46,75	25	15	6	126	78,57	43	6	3
76	47,39	26	2	6	127	79,18	43	13	0
77	48,0	26	9	3	128	79,81	44	0	0
78	48,63	26	16	3	129	80,43	44	6	9
79	49,25	27	3	0	130	81,6	44	13	9
80	49,88	27	10	0	131	81,67	45	0	6
81	50,49	27	16	9	132	82,31	45	7	6
82	51,13	28	3	9	133	82,92	45	14	3
83	51,74	28	10	6	134	83,55	46	1	3
84	52,38	28	17	6	135	84,17	46	8	0
85	52,99	29	4	3	136	84,80	46	15	0
86	53,62	29	11	3	137	85,41	47	1	9
87	54,24	29	18	0	138	86,5	47	8	9
88	54,87	30	5	0	139	86,66	47	15	6
89	55,48	30	11	9	140	87,30	48	2	6
90	56,12	30	18	9	141	87,91	48	9	3
91	56,73	31	5	6	142	88,54	48	16	3
92	57,36	31	12	6	143	89,16	49	3	0
93	57,98	31	19	3	144	89,79	49	10	0
94	58,61	32	6	3	145	90,40	49	16	9
95	59,22	32	13	0	146	91,4	50	3	9
96	59,86	33	0	0	147	91,65	50	10	6
97	60,47	33	6	9	148	92,29	50	17	6
98	61,11	33	13	9	149	92,90	51	4	3
99	61,72	34	0	6	150	93,53	51	11	3
100	62,35	34	7	6					

Nombre	francs ct.	courant guld. s. den	Nombre	francs ct.	courant guld. s. den
50	31, 74	17, 10, 0	101	64, 12	35, 7, 0
51	32, 38	17, 17, 0	102	64, 76	35, 14, 0
52	33, 1	18, 4, 0	103	65, 39	36, 1, 0
53	33, 65	18, 11, 0	104	66, 3	36, 8, 0
54	34, 28	18, 18, 0	105	66, 66	36, 15, 0
55	34, 92	19, 5, 0	106	67, 30	37, 2, 0
56	35, 55	19, 12, 0	107	67, 93	37, 9, 0
57	36, 19	19, 19, 0	108	68, 57	37, 16, 0
58	36. 82	20, 6, 0	109	69, 20	38, 3, 0
59	37, 46	20, 13, 0	110	69, 84	38, 10, 0
60	38, 9	21, 0, 0	111	70, 47	38, 17, 0
61	38, 73	21, 7, 0	112	71, 11	39, 4, 0
62	39, 36	21, 14, 0	113	71, 74	39, 11, 0
63	40, 0	22, 1, 0	114	72, 38	39, 18, 0
64	40, 63	22, 8, 0	115	73, 1	40, 5, 0
65	41, 26	22, 15, 0	116	73, 65	40, 12, 0
66	41, 90	23, 2, 0	117	74, 28	40, 19, 0
67	42, 53	23, 9, 0	118	74, 92	41, 6, 0
68	43, 17	23, 16, 0	119	75, 55	41, 13, 0
69	43, 80	24, 3, 0	120	76, 19	42, 0, 0
70	44, 44	24, 10, 0	121	76, 82	42, 7, 0
71	45, 7	24, 17, 0	122	77, 46	42, 14, 0
72	45, 71	25, 4, 0	123	78, 9	43, 1, 0
73	46, 34	25, 11, 0	124	78, 73	43, 8, 0
74	46, 98	25, 18, 0	125	79, 36	43, 15, 0
75	47, 61	26, 5, 0	126	80, 0	44, 2, 0
76	48, 25	26, 12, 0	127	80, 63	44, 9, 0
77	48, 88	26, 19, 0	128	81, 26	44, 16, 0
78	49, 52	27, 6, 0	129	81, 90	45, 3, 0
79	50, 15	27, 13, 0	130	82, 53	45, 10, 0
80	50, 79	28, 0, 0	131	83, 17	45, 17, 0
81	51, 42	28, 7, 0	132	83, 80	46, 4, 0
82	52, 6	28, 14, 0	133	84, 44	46, 11, 0
83	52, 69	29, 1, 0	134	85, 7	46, 18, 0
84	53, 33	29, 8, 0	135	85, 71	47, 5, 0
85	53, 96	29, 15, 0	136	86, 34	47, 12, 0
86	54, 60	30, 2, 0	137	86, 98	47. 19, 0
87	55, 23	30, 9, 0	138	87, 61	48, 6, 0
88	55, 87	30, 16, 0	139	88, 25	48, 13, 0
89	56, 50	31, 3, 0	140	88, 88	49, 0, 0
90	57, 14	31, 10, 0	141	89, 52	49, 7, 0
91	57, 77	31, 17, 0	142	90, 15	49, 14, 0
92	58, 41	32, 4, 0	143	90, 79	50, 1, 0
93	59, 4	32, 11, 0	144	91, 42	50, 8, 0
94	59, 68	32, 18, 0	145	92, 6	50, 15, 0
95	60, 31	33, 5, 0	146	92, 69	51, 2, 0
96	60, 95	33, 12, 0	147	93, 33	51, 9, 0
97	61, 58	33, 19, 0	148	93, 96	51, 16, 0
98	62, 22	34, 6, 0	149	94, 60	52, 3, 0
99	62, 85	34, 13, 0	150	95, 23	52, 10, 0
100	63, 49	35, 0, 0			

30 Gros 14½ Grooten.

Nombre	francs ct	courant flor. sch. den (guld. sch. den)	Nombre	francs ct	courant flor. sch. den (guld. sch. den)
50	32,31	17, 16, 3	101	65,26	35, 19, 6
51	32,97	18, 3, 3	102	65,91	36, 6, 9
52	33,60	18, 10, 6	103	66,55	36, 13, 9
53	34,26	18, 17, 6	104	67,21	37, 1, 0
54	34,89	19, 4, 9	105	67,84	37, 8, 0
55	35,55	19, 11, 9	106	68,50	37, 15, 3
56	36,19	19, 19, 0	107	69,13	38, 2, 3
57	36,84	20, 6, 0	108	69,79	38, 9, 6
58	37,48	20, 13, 3	109	70,43	38, 16, 6
59	38,14	21, 0, 3	110	71,8	39, 3, 9
60	38,77	21, 7, 6	111	71,72	39, 10, 9
61	39,43	21, 14, 6	112	72,38	39, 18, 0
62	40,6	22, 1, 9	113	73,1	40, 5, 0
63	40,72	22, 8, 9	114	73,67	40, 12, 3
64	41,36	22, 16, 0	115	74,30	40, 19, 3
65	42,1	23, 3, 0	116	74,96	41, 6, 6
66	42,65	23, 10, 3	117	75,60	41, 13, 6
67	43,31	23, 17, 3	118	76,25	42, 0, 9
68	43,94	24, 4, 6	119	76,89	42, 7, 9
69	44,60	24, 11, 6	120	77,55	42, 15, 0
70	45,23	24, 18, 9	121	78,18	43, 2, 0
71	45,89	25, 5, 9	122	78,84	43, 9, 3
72	46,53	25, 13, 0	123	79,47	43, 16, 3
73	47,18	26, 0, 0	124	80,13	44, 3, 6
74	47,82	26, 7, 3	125	80,77	44, 10, 6
75	48,46	26, 14, 3	126	81,42	44, 17, 9
76	49,11	27, 1, 6	127	82,6	45, 4, 9
77	49,77	27, 8, 6	128	82,72	45, 12, 0
78	50,40	27, 15, 9	129	83,35	45, 19, 0
79	51,6	28, 2, 9	130	84,1	46, 6, 3
80	51,70	28, 10, 0	131	84,64	46, 13, 3
81	52,35	28, 17, 0	132	85,30	47, 0, 6
82	52,99	29, 4, 3	133	85,94	47, 7, 6
83	53,65	29, 11, 3	134	86,59	47, 14, 9
84	54,28	29, 18, 6	135	87,23	48, 1, 9
85	54,94	30, 5, 6	136	87,89	48, 9, 0
86	55,57	30, 12, 9	137	88,52	48, 16, 0
87	56,23	30, 19, 9	138	89,18	49, 3, 3
88	56,87	31, 7, 0	139	89,81	49, 10, 3
89	57,52	31, 14, 0	140	90,47	49, 17, 6
90	58,16	32, 1, 3	141	91,11	50, 4, 6
91	58,82	32, 8, 3	142	91,76	50, 11, 9
92	59,45	32, 15, 6	143	92,40	50, 18, 9
93	60,11	33, 2, 6	144	93,6	51, 6, 0
94	60,74	33, 9, 9	145	93,69	51, 13, 0
95	61,40	33, 16, 9	146	94,35	52, 0, 3
96	62,4	34, 4, 0	147	94,98	52, 7, 3
97	62,69	34, 11, 0	148	95,64	52, 14, 6
98	63,33	34, 18, 3	149	96,28	53, 1, 6
99	63,99	35, 5, 3	150	96,93	53, 8, 9
100	64,62	35, 12, 6			

Nombre	francs ct.	courant flor. guld.	s.	den	Nombre	francs ct.	courant flor. guld.	s.	den
50	32, 87	18	2	6	101	66 . 41	36	12	3
51	33, 53	18	9	9	102	67 . 7	36	19	6
52	34, 19	18	17	0	103	67 . 73	37	6	9
53	34, 85	19	4	3	104	68 . 39	37	14	0
54	35, 51	19	11	6	105	69 . 4	38	1	3
55	36, 16	19	18	9	106	69 . 70	38	8	6
56	36, 82	20	6	0	107	70 . 36	38	15	9
57	37, 48	20	13	3	108	71 . 2	39	3	0
58	38, 14	21	0	6	109	71 . 67	39	10	3
59	38, 79	21	7	9	110	72 . 33	39	17	6
60	39, 45	21	15	0	111	72 . 99	40	4	9
61	40, 11	22	2	3	112	73 . 65	40	12	0
62	40, 77	22	9	6	113	74 . 30	40	19	3
63	41, 42	22	16	9	114	74 . 96	41	6	6
64	42, 8	23	4	0	115	75 . 62	41	13	9
65	42, 74	23	11	3	116	76 . 28	42	1	0
66	43, 40	23	18	6	117	76 . 93	42	8	3
67	44, 5	24	5	9	118	77 . 59	42	15	6
68	44, 71	24	13	0	119	78 . 25	43	2	9
69	45, 37	25	0	3	120	78 . 91	43	10	0
70	46, 3	25	7	6	121	79 . 56	43	17	3
71	46, 68	25	14	9	122	80 . 22	44	4	6
72	47, 34	26	2	0	123	80 . 88	44	11	9
73	48, 0	26	9	3	124	81 . 54	44	19	0
74	48, 66	26	16	6	125	82 . 19	45	6	3
75	49, 31	27	3	9	126	82 . 85	45	13	6
76	49, 97	27	11	0	127	83 . 51	46	0	9
77	50, 63	27	18	3	128	84 . 17	46	8	0
78	51, 29	28	5	6	129	84 . 83	46	15	3
79	51, 95	28	12	9	130	85 . 48	47	2	6
80	52, 60	29	0	0	131	86 . 14	47	9	9
81	53, 26	29	7	3	132	86 . 80	47	17	0
82	53, 92	29	14	6	133	87 . 46	48	4	3
83	54, 58	30	1	9	134	88 . 11	48	11	6
84	55, 23	30	9	0	135	88 . 77	48	18	9
85	55, 89	30	16	3	136	89 . 43	49	6	0
86	56, 55	31	3	6	137	90 . 9	49	13	3
87	57, 21	31	10	9	138	90 . 74	50	0	6
88	57, 86	31	18	0	139	91 . 40	50	7	9
89	58, 52	32	5	3	140	92 . 6	50	15	0
90	59 . 18	32	12	6	141	92 . 72	51	2	3
91	59, 84	32	19	9	142	93 . 37	51	9	6
92	60, 49	33	7	0	143	94 . 3	51	16	9
93	61, 15	33	14	3	144	94 . 69	52	4	0
94	61, 81	34	1	6	145	95 . 35	52	11	3
95	62, 47	34	8	9	146	96 . 0	52	18	6
96	63, 12	34	16	0	147	96 . 66	53	5	9
97	63, 78	35	3	3	148	97 . 32	53	13	0
98	64, 44	35	10	6	149	97 . 98	54	0	3
99	65 . 10	35	17	9	150	98 . 63	54	7	6
100	65 . 75	36	5	0					

Nombre	francs ct.	courant flor. / guld.	s.	den.	Nombre	francs ct.	courant flor. / guld.	s.	den.
50	33,44	18	8	9	101	67,55	37	4	9
51	34,10	18	16	0	102	68,23	37	12	3
52	34,78	19	3	6	103	68,88	37	19	6
53	35,44	19	10	9	104	69,56	38	7	0
54	36,12	19	18	3	105	70,22	38	14	3
55	36,78	20	5	6	106	70,90	39	1	9
56	37,46	20	13	0	107	71,56	39	9	0
57	38,11	21	0	3	108	72,24	39	16	6
58	38,79	21	7	9	109	72,90	40	3	9
59	39,45	21	15	0	110	73,58	40	11	3
60	40,13	22	2	6	111	74,24	40	18	6
61	40,79	22	9	9	112	74,92	41	6	0
62	41,47	22	17	3	113	75,57	41	13	3
63	42,13	23	4	6	114	76,25	42	0	9
64	42,81	23	12	0	115	76,91	42	8	0
65	43,46	23	19	3	116	77,59	42	15	6
66	44,14	24	6	9	117	78,25	43	2	9
67	44,80	24	14	9	118	78,93	43	10	6
68	45,48	25	1	6	119	79,59	43	17	6
69	46,14	25	8	9	120	80,27	44	5	0
70	46,82	25	16	3	121	80,93	44	12	3
71	47,48	26	3	6	122	81,61	44	19	9
72	48,16	26	11	0	123	82,26	45	7	0
73	48,82	26	18	3	124	82,95	45	14	6
74	49,50	27	5	9	125	83,60	46	1	9
75	50,15	27	13	0	126	84,28	46	9	3
76	50,83	28	0	6	127	84,94	46	16	6
77	51,49	28	7	9	128	85,62	47	4	0
78	52,17	28	15	3	129	86,28	47	11	3
79	52,83	29	2	6	130	86,96	47	18	9
80	53,51	29	10	0	131	87,61	48	6	0
81	54,17	29	17	3	132	88,29	48	13	6
82	54,85	30	4	9	133	88,95	49	0	9
83	55,51	30	12	0	134	89,63	49	8	3
84	56,19	30	19	6	135	90,29	49	15	6
85	56,84	31	6	9	136	90,97	50	3	0
86	57,52	31	14	3	137	91,63	50	10	3
87	58,18	32	1	6	138	92,31	50	17	9
88	58,86	32	9	0	139	92,97	51	5	0
89	59,52	32	16	3	140	93,65	51	12	6
90	60,20	33	3	9	141	94,30	51	19	9
91	60,86	33	11	0	142	94,98	52	7	3
92	61,54	33	18	6	143	95,64	52	14	6
93	62,20	34	5	9	144	96,32	53	2	0
94	62,88	34	13	3	145	96,98	53	9	3
95	63,53	35	0	6	146	97,66	53	16	9
96	64,21	35	8	0	147	98,32	54	4	0
97	64,87	35	15	3	148	99,0	54	11	6
98	65,55	36	2	9	149	99,66	54	18	9
99	66,21	36	10	0	150	100,34	55	6	3
100	66,89	36	17	6					

Nombre	francs ct.	courant flor. s. den / guld. s. den
50	34, 1	18, 15, 0
51	34, 69	19, 2, 6
52	35, 37	19, 10, 0
53	36, 5	19, 17, 6
54	36, 73	20, 5, 0
55	37, 41	20, 12, 6
56	38, 9	21, 0, 0
57	38, 77	21, 7, 6
58	39, 45	21, 15, 0
59	40, 13	22, 2, 6
60	40, 81	22, 10, 0
61	41, 49	22, 17, 6
62	42, 17	23, 5, 0
63	42, 85	23, 12, 6
64	43, 53	24, 0, 0
65	44, 21	24, 7, 6
66	44, 89	24, 15, 0
67	45, 57	25, 2, 6
68	46, 25	25, 10, 0
69	46, 93	25, 17, 6
70	47, 61	26, 5, 0
71	48, 29	26, 12, 6
72	48, 97	27, 0, 0
73	49, 65	27, 7, 6
74	50, 34	27, 15, 0
75	51, 2	28, 2, 6
76	51, 70	28, 10, 0
77	52, 38	28, 17, 6
78	53, 6	29, 5, 0
79	53, 74	29, 12, 6
80	54, 42	30, 0, 0
81	55, 10	30, 7, 6
82	55, 78	30, 15, 0
83	56, 46	31, 2, 6
84	57, 14	31, 10, 0
85	57, 82	31, 17, 6
86	58, 50	32, 5, 0
87	59, 18	32, 12, 6
88	59, 86	33, 0, 0
89	60, 54	33, 7, 6
90	61, 22	33, 15, 0
91	61, 90	34, 2, 6
92	62, 58	34, 10, 0
93	63, 26	34, 17, 6
94	63, 94	35, 5, 0
95	64, 62	35, 12, 6
96	65, 30	36, 0, 0
97	65, 98	36, 7, 6
98	66, 66	36, 15, 0
99	67, 34	37, 2, 6
100	68, 2	37, 10, 0

Nombre	francs ct.	courant flor. s. den / guld. s. den
101	68, 70	37, 17, 6
102	69, 38	38, 5, 0
103	70, 6	38, 12, 6
104	70, 74	39, 0, 0
105	71, 42	39, 7, 6
106	72, 10	39, 15, 0
107	72, 78	40, 2, 6
108	73, 46	40, 10, 0
109	74, 14	40, 17, 6
110	74, 83	41, 5, 0
111	75, 51	41, 12, 6
112	76, 19	42, 0, 0
113	76, 87	42, 7, 6
114	77, 55	42, 15, 0
115	78, 23	43, 2, 6
116	78, 91	43, 10, 0
117	79, 59	43, 17, 6
118	80, 27	44, 5, 0
119	80, 95	44, 12, 6
120	81, 63	45, 0, 0
121	82, 31	45, 7, 6
122	82, 99	45, 15, 0
123	83, 67	46, 2, 6
124	84, 35	46, 10, 0
125	85, 3	46, 17, 6
126	85, 71	47, 5, 0
127	86, 39	47, 12, 6
128	87, 7	48, 0, 0
129	87, 75	48, 7, 6
130	88, 43	48, 15, 0
131	89, 11	49, 2, 6
132	89, 79	49, 10, 0
133	90, 47	49, 17, 6
134	91, 15	50, 5, 0
135	91, 83	50, 12, 6
136	92, 51	51, 0, 0
137	93, 19	51, 7, 6
138	93, 87	51, 15, 0
139	94, 55	52, 2, 6
140	95, 23	52, 10, 0
141	95, 91	52, 17, 6
142	96, 59	53, 5, 0
143	97, 27	53, 12, 6
144	97, 95	54, 0, 0
145	98, 63	54, 7, 6
146	99, 31	54, 15, 0
147	100, 0	55, 2, 6
148	100, 68	55, 10, 0
149	101, 36	55, 17, 6
150	102, 4	56, 5, 0

E

Nombre	francs ct.	courant. flor. s. den guld. s. den	Nombre	francs ct.	courant. flor. s. den guld. s. den
50	34 , 58	19 , 1 , 3	101	69 , 84	38 , 10 , 0
51	35 , 26	19 , 8 , 9	102	70 , 54	38 , 17 , 9
52	35 , 96	19 , 16 , 6	103	71 , 22	39 , 5 , 3
53	36 , 64	20 , 4 , 0	104	71 , 92	39 , 13 , 0
54	37 , 34	20 , 11 , 9	105	72 , 60	40 , 0 , 6
55	38 , 2	20 , 19 , 3	106	73 , 31	40 , 8 , 3
56	38 , 73	21 , 7 , 0	107	73 , 99	40 , 15 , 9
57	39 , 41	21 , 14 , 6	108	74 , 69	41 , 3 , 6
58	40 , 11	22 , 2 , 3	109	75 , 37	41 , 11 , 0
59	40 , 79	22 , 9 , 9	110	76 , 7	41 , 18 , 9
60	41 , 49	22 , 17 , 6	111	76 , 75	42 , 6 , 3
61	42 , 17	23 , 5 , 0	112	77 , 46	42 , 14 , 0
62	42 , 87	23 , 12 , 9	113	78 , 14	43 , 1 , 6
63	43 , 56	24 , 0 , 3	114	78 , 84	43 , 9 , 3
64	44 , 26	24 , 8 , 0	115	79 , 52	43 , 16 , 9
65	44 , 94	24 , 15 , 6	116	80 , 22	44 , 4 , 6
66	45 , 64	25 , 3 , 3	117	80 , 90	44 , 12 , 0
67	46 , 32	25 , 10 , 9	118	81 , 61	44 , 19 , 9
68	47 , 2	25 , 18 , 6	119	82 , 29	45 , 7 , 3
69	47 , 70	26 , 6 , 0	120	82 , 99	45 , 15 , 0
70	48 , 41	26 , 13 , 9	121	83 , 67	46 , 2 , 6
71	49 , 9	27 , 1 , 3	122	84 , 37	46 , 10 , 3
72	49 , 79	27 , 9 , 0	123	85 , 5	46 , 17 , 9
73	50 , 47	27 , 16 , 6	124	85 , 75	47 , 5 , 6
74	51 , 17	28 , 4 , 3	125	86 , 44	47 , 13 , 0
75	51 , 85	28 , 11 , 9	126	87 , 14	48 , 0 , 9
76	52 , 56	28 , 19 , 6	127	87 , 82	48 , 8 , 3
77	53 , 24	29 , 7 , 0	128	88 , 52	48 , 16 , 0
78	53 , 94	29 , 14 , 9	129	89 , 20	49 , 3 , 6
79	54 , 62	30 , 2 , 3	130	89 , 90	49 , 11 , 3
80	55 , 32	30 , 10 , 0	131	90 , 58	49 , 18 , 9
81	56 , 0	30 , 17 , 6	132	91 , 29	50 , 6 , 6
82	56 , 71	31 , 5 , 3	133	91 , 97	50 , 14 , 0
83	57 , 39	31 , 12 , 9	134	92 , 67	51 , 1 , 9
84	58 , 9	32 , 0 , 6	135	93 , 35	51 , 9 , 3
85	58 , 77	32 , 8 , 0	136	94 , 5	51 , 17 , 0
86	59 , 47	32 , 15 , 9	137	94 , 73	52 , 4 , 6
87	60 , 15	33 , 3 , 3	138	95 , 44	52 , 12 , 3
88	60 , 86	33 , 11 , 0	139	96 , 12	52 , 19 , 9
89	61 , 54	33 , 18 , 6	140	96 , 82	53 , 7 , 6
90	62 , 24	34 , 6 , 3	141	97 , 50	53 , 15 , 0
91	62 , 92	34 , 13 , 9	142	98 , 20	54 , 2 , 9
92	63 , 62	35 , 1 , 6	143	98 , 88	54 , 10 , 3
93	64 , 30	35 , 9 , 0	144	99 , 59	54 , 18 , 0
94	65 , 1	35 , 16 , 9	145	100 , 27	55 , 5 , 6
95	65 , 69	36 , 4 , 3	146	100 , 97	55 , 13 , 3
96	66 , 39	36 , 12 , 0	147	101 , 65	56 , 0 , 9
97	67 , 7	36 , 19 , 6	148	102 , 35	56 , 8 , 6
98	67 , 77	37 , 7 , 3	149	103 , 3	56 , 16 , 0
99	68 , 45	37 , 14 , 9	150	103 , 74	57 , 3 , 9
100	69 , 16	38 , 2 , 6			

Nombre	francs ct.	courant flor. (guld.)	s.	den	Nombre	francs ct.	courant flor. (guld.)	s.	den
50	35 , 14	19	7	6	101	70 , 99	39	2	9
51	35 , 85	19	15	3	102	71 , 70	39	10	6
52	36 , 55	20	3	0	103	72 , 40	39	18	3
53	37 , 25	20	10	9	104	73 , 10	40	6	0
54	37 , 95	20	18	6	105	73 , 80	40	13	9
55	38 , 66	21	6	3	106	74 , 51	41	1	6
56	39 , 36	21	14	0	107	75 , 21	41	9	3
57	40 , 6	22	1	9	108	75 , 91	41	17	0
58	40 , 77	22	9	6	109	76 , 62	42	4	9
59	41 , 47	22	17	3	110	77 , 32	42	12	6
60	42 , 17	23	5	0	111	78 , 2	43	0	3
61	42 , 87	23	12	9	112	78 , 72	43	8	0
62	43 , 58	24	0	6	113	79 , 43	43	15	9
63	44 , 28	24	8	3	114	80 , 13	44	3	6
64	44 , 98	24	16	0	115	80 , 83	44	11	3
65	45 , 69	25	3	9	116	81 , 54	44	19	0
66	46 , 39	25	11	6	117	82 , 24	45	6	9
67	47 , 9	25	19	3	118	82 , 94	45	14	6
68	47 , 80	26	7	0	119	83 , 65	46	2	3
69	48 , 50	26	14	9	120	84 , 35	46	10	0
70	49 , 20	27	2	6	121	85 , 5	46	17	9
71	49 , 90	27	10	3	122	85 , 75	47	5	6
72	50 , 61	27	18	0	123	86 , 46	47	13	3
73	51 , 31	28	5	9	124	87 , 16	48	1	0
74	52 , 1	28	13	6	125	87 , 86	48	8	9
75	52 , 72	29	1	3	126	88 , 57	48	16	6
76	53 , 42	29	9	0	127	89 , 27	49	4	3
77	54 , 12	29	16	9	128	89 , 97	49	12	0
78	54 , 83	30	4	6	129	90 , 67	49	19	9
79	55 , 53	30	12	3	130	91 , 38	50	7	6
80	56 , 23	31	0	0	131	92 , 8	50	15	3
81	56 , 93	31	7	9	132	92 , 78	51	3	0
82	57 , 64	31	15	6	133	93 , 49	51	10	9
83	58 , 34	32	3	3	134	94 , 19	51	18	6
84	59 , 4	32	11	0	135	94 , 89	52	6	3
85	59 , 75	32	18	9	136	95 , 60	52	14	0
86	60 , 45	33	6	6	137	96 , 30	53	1	9
87	61 , 15	33	14	3	138	97 , 0	53	9	6
88	61 , 85	34	2	0	139	97 , 70	53	17	3
89	62 , 56	34	9	9	140	98 , 41	54	5	0
90	63 , 26	34	17	6	141	99 , 11	54	12	9
91	63 , 96	35	5	3	142	99 , 81	55	0	6
92	64 , 67	35	13	0	143	100 , 52	55	8	3
93	65 , 37	36	0	9	144	101 , 22	55	16	0
94	66 , 7	36	8	6	145	101 , 92	56	3	9
95	66 , 77	36	16	3	146	102 , 62	56	11	6
96	67 , 48	37	4	0	147	103 , 33	56	19	3
97	68 , 18	37	11	9	148	104 , 3	57	7	0
98	68 , 88	37	19	6	149	104 , 73	57	14	9
99	69 , 59	38	7	3	150	105 , 44	58	2	6
100	70 , 29	38	15	0					

Nombre	francs ct.	courant. flor. s. den / guld. s. den			Nombre	francs ct.	courant. flor. s. den / guld. s. den		
50	35 , 71	19 , 13 , 9			101	72 , 13	39 , 15 , 3		
51	36 , 41	20 , 1 , 6			102	72 , 85	40 , 3 , 3		
52	37 , 14	20 , 9 , 6			103	73 , 56	40 , 11 , 0		
53	37 , 84	20 , 17 , 3			104	74 , 28	40 , 19 , 0		
54	38 , 57	21 , 5 , 3			105	74 , 98	41 , 6 , 9		
55	39 , 27	21 , 13 , 0			106	75 , 71	41 , 14 , 9		
56	40 , 0	22 , 1 , 0			107	76 , 41	42 , 2 , 6		
57	40 , 70	22 , 8 , 9			108	77 , 14	42 , 10 , 6		
58	41 , 42	22 , 16 , 9			109	77 , 84	42 , 18 , 3		
59	42 , 13	23 , 4 , 6			110	78 , 57	43 , 6 , 3		
60	42 , 85	23 , 12 , 6			111	79 , 27	43 , 14 , 0		
61	43 , 56	24 , 0 , 3			112	80 , 0	44 , 2 , 0		
62	44 , 28	24 , 8 , 3			113	80 , 70	44 , 9 , 9		
63	44 , 98	24 , 16 , 0			114	81 , 42	44 , 17 , 9		
64	45 , 71	25 , 4 , 0			115	82 , 13	45 , 5 , 6		
65	46 , 41	25 , 11 , 9			116	82 , 85	45 , 13 , 6		
66	47 , 14	25 , 19 , 9			117	83 , 56	46 , 1 , 3		
67	47 , 84	26 , 7 , 6			118	84 , 28	46 , 9 , 3		
68	48 , 57	26 , 15 , 6			119	84 , 98	46 , 17 , 0		
69	49 , 27	27 , 3 , 3			120	85 , 71	47 , 5 , 0		
70	50 , 0	27 , 11 , 3			121	86 , 41	47 , 12 , 9		
71	50 , 70	27 , 19 , 0			122	87 , 14	48 , 0 , 9		
72	51 , 43	28 , 7 , 0			123	87 , 84	48 , 8 , 6		
73	52 , 13	28 , 14 , 9			124	88 , 57	48 , 16 , 6		
74	52 , 85	29 , 2 , 9			125	89 , 27	49 , 4 , 3		
75	53 , 56	29 , 10 , 6			126	90 , 0	49 , 12 , 3		
76	54 , 28	29 , 18 , 6			127	90 , 70	50 , 0 , 0		
77	54 , 99	30 , 6 , 3			128	91 , 42	50 , 8 , 0		
78	55 , 71	30 , 14 , 3			129	92 , 13	50 , 15 , 9		
79	56 , 41	31 , 2 , 0			130	92 , 85	51 , 3 , 9		
80	57 , 14	31 , 10 , 0			131	93 , 56	51 , 11 , 6		
81	57 , 84	31 , 17 , 9			132	94 , 28	51 , 19 , 6		
82	58 , 57	32 , 5 , 9			133	94 , 98	52 , 7 , 3		
83	59 , 27	32 , 13 , 6			134	95 , 71	52 , 15 , 3		
84	60 , 0	33 , 1 , 6			135	96 , 41	53 , 3 , 0		
85	60 , 70	33 , 9 , 3			136	97 , 14	53 , 11 , 0		
86	61 , 42	33 , 17 , 3			137	97 , 84	53 , 18 , 9		
87	62 , 13	34 , 5 , 0			138	98 , 57	54 , 6 , 9		
88	62 , 85	34 , 13 , 0			139	99 , 27	54 , 14 , 6		
89	63 , 56	35 , 0 , 9			140	100 , 0	55 , 2 , 6		
90	64 , 28	35 , 8 , 9			141	100 , 70	55 , 10 , 3		
91	64 , 98	35 , 16 , 6			142	101 , 42	55 , 18 , 3		
92	65 , 71	36 , 4 , 6			143	102 , 13	56 , 6 , 0		
93	66 , 41	36 , 12 , 3			144	102 , 85	56 , 14 , 0		
94	67 , 14	37 , 0 , 3			145	103 , 56	57 , 1 , 9		
95	67 , 84	37 , 8 , 0			146	104 , 28	57 , 9 , 9		
96	68 , 57	37 , 16 , 0			147	104 , 98	57 , 17 , 6		
97	69 , 27	38 , 3 , 9			148	105 , 71	58 , 5 , 6		
98	70 , 0	38 , 11 , 9			149	106 , 41	58 , 13 , 3		
99	70 , 70	38 , 19 , 6			150	107 , 14	59 , 1 , 3		
100	71 , 42	39 , 7 , 6							

Nombre	francs ct.	courant flor. s. den / guld. s. den
50	36 , 28	20 , 0 , 0
51	37 , 0	20 , 8 , 0
52	37 , 73	20 , 16 , 0
53	38 , 45	21 , 4 , 0
54	39 , 18	21 , 12 , 0
55	39 , 90	22 , 0 , 0
56	40 , 63	22 , 8 , 0
57	41 , 36	22 , 16 , 0
58	42 , 8	23 , 4 , 0
59	42 , 81	23 , 12 , 0
60	43 , 53	24 , 0 , 0
61	44 , 26	24 , 8 , 0
62	44 , 98	24 , 16 , 0
63	45 , 71	25 , 4 , 0
64	46 , 44	25 , 12 , 0
65	47 , 16	26 , 0 , 0
66	47 , 89	26 , 8 , 0
67	48 , 61	26 , 16 , 0
68	49 , 34	27 , 4 , 0
69	50 , 6	27 , 12 , 0
70	50 , 79	28 , 0 , 0
71	51 , 51	28 , 8 , 0
72	52 , 24	28 , 16 , 0
73	52 , 97	29 , 4 , 0
74	53 , 69	29 , 12 , 0
75	54 , 42	30 , 0 , 0
76	55 , 14	30 , 8 , 0
77	55 , 87	30 , 16 , 0
78	56 , 59	31 , 4 , 0
79	57 , 32	31 , 12 , 0
80	58 , 4	32 , 0 , 0
81	58 , 77	32 , 8 , 0
82	59 , 50	32 , 16 , 0
83	60 , 22	33 , 4 , 0
84	60 , 95	33 , 12 , 0
85	61 , 67	34 , 0 , 0
86	62 , 40	34 , 8 , 0
87	63 , 12	34 , 16 , 0
88	63 , 85	35 , 4 , 0
89	64 , 58	35 , 12 , 0
90	65 , 30	36 , 0 , 0
91	66 , 3	36 , 8 , 0
92	66 , 75	36 , 16 , 0
93	67 , 48	37 , 4 , 0
94	68 , 20	37 , 12 , 0
95	68 , 93	38 , 0 , 0
96	69 , 65	38 , 8 , 0
97	70 , 38	38 , 16 , 0
98	71 , 11	39 , 4 , 0
99	71 , 83	39 , 12 , 0
100	72 , 56	40 , 0 , 0

Nombre	francs ct.	courant flor. s. den / guld. s. den
101	73 , 28	40 , 8 , 0
102	74 , 1	40 , 16 , 0
103	74 , 73	41 , 4 , 0
104	75 , 46	41 , 12 , 0
105	76 , 19	42 , 0 , 0
106	76 , 91	42 , 8 , 0
107	77 , 64	42 , 16 , 0
108	78 , 36	43 , 4 , 0
109	79 , 9	43 , 12 , 0
110	79 , 81	44 , 0 , 0
111	80 , 54	44 , 8 , 0
112	81 , 27	44 , 16 , 0
113	81 , 99	45 , 4 , 0
114	82 , 72	45 , 12 , 0
115	83 , 44	46 , 0 , 0
116	84 , 17	46 , 8 , 0
117	84 , 89	46 , 16 , 0
118	85 , 62	47 , 4 , 0
119	86 , 34	47 , 12 , 0
120	87 , 7	48 , 0 , 0
121	87 , 80	48 , 8 , 0
122	88 , 52	48 , 16 , 0
123	89 , 25	49 , 4 , 0
124	89 , 97	49 , 12 , 0
125	90 , 70	50 , 0 , 0
126	91 , 42	50 , 8 , 0
127	92 , 15	50 , 16 , 0
128	92 , 87	51 , 4 , 0
129	93 , 60	51 , 12 , 0
130	94 , 33	52 , 0 , 0
131	95 , 5	52 , 8 , 0
132	95 , 78	52 , 16 , 0
133	96 , 50	53 , 4 , 0
134	97 , 23	53 , 12 , 0
135	97 , 95	54 , 0 , 0
136	98 , 68	54 , 8 , 0
137	99 , 41	54 , 16 , 0
138	100 , 13	55 , 4 , 0
139	100 , 86	55 , 12 , 0
140	101 , 58	56 , 0 , 0
141	102 , 31	56 , 8 , 0
142	103 , 3	56 , 16 , 0
143	103 , 76	57 , 4 , 0
144	104 , 48	57 , 12 , 0
145	105 , 21	58 , 0 , 0
146	105 , 94	58 , 8 , 0
147	106 , 66	58 , 16 , 0
148	107 , 39	59 , 4 , 0
149	108 , 11	59 , 12 , 0
150	108 , 84	60 , 0 , 0

Nombre	francs ct.	courant. flor. s. den guld. s. den	Nombre	francs ct.	courant. flor. s. den guld. s. den
50	36,84	20, 6,3	101	74,42	41, 0,6
51	37,57	20, 14,3	102	75,17	41, 8,9
52	38,32	21, 2,6	103	75,89	41, 16,9
53	39, 4	21, 10,6	104	76,64	42, 5,0
54	39,79	21, 18,9	105	77,36	42, 13,0
55	40,52	22, 6,9	106	78,11	43, 1,3
56	41,26	22, 15,0	107	78,84	43, 9,3
57	41,99	23, 3,0	108	79,59	43, 17,6
58	42,74	23, 11,3	109	80,31	44, 5,6
59	43,46	23, 19,3	110	81, 6	44, 13,9
60	44,21	24, 7,6	111	81,79	45, 1,9
61	44,94	24, 15,6	112	82,53	45, 10,0
62	45,69	25, 3,9	113	83,26	45, 18,0
63	46,41	25, 11,9	114	84, 1	46, 6,3
64	47,16	26, 0,0	115	84,73	46, 14,3
65	47,89	26, 8,0	116	85,48	47, 2,6
66	48,63	26, 16,3	117	86,21	47, 10,6
67	49,36	27, 4,3	118	86,96	47, 18,9
68	50,11	27, 12,6	119	87,68	48, 6,9
69	50.83	28, 0,6	120	88,43	48, 15,0
70	51,58	28, 8,9	121	89,16	49, 3,0
71	52,31	28, 16,9	122	89,90	49, 11,3
72	53, 6	29, 5,0	123	90,63	49, 19,3
73	53,78	29, 13,0	124	91,38	50, 7,6
74	54,53	30, 1,3	125	92,10	50, 15,6
75	55,26	30, 9,3	126	92,85	51, 3,9
76	56, 0	30, 17,6	127	93,58	51, 11,9
77	56,73	31, 5,6	128	94,33	52, 0,0
78	57,48	31, 13,9	129	95, 5	52, 8,0
79	58,20	32, 1,9	130	95,80	52, 16,3
80	58,95	32, 10,0	131	96,53	53, 4,3
81	59,68	32, 18,0	132	97,27	53, 12,6
82	60,43	33, 6,3	133	98, 0	54, 0,6
83	61,15	33, 14,3	134	98,75	54, 8,9
84	61,90	34, 2,6	135	99,47	54, 16,9
85	62,63	34, 10,6	136	100,22	55, 5,0
86	63,37	34, 18,9	137	100,95	55, 13,0
87	64,10	35, 6,9	138	101,70	56, 1,3
88	64,85	35, 15,0	139	102,42	56, 9,3
89	65,57	36, 3,0	140	103,17	56, 17,6
90	66,32	36, 11,3	141	103,90	57, 5,6
91	67, 5	36, 19,3	142	104,64	57, 13,9
92	67,80	37, 7,6	143	105,37	58, 1,9
93	68,52	37, 15,6	144	106,12	58, 10,0
94	69,27	38, 3,9	145	106,84	58, 18,0
95	69,99	38, 11,9	146	107,59	59, 6,3
96	70,74	39, 0,0	147	108,32	59, 14,3
97	71,47	39, 8,0	148	109, 7	60, 2,6
98	72,22	39, 16,3	149	109,79	60, 10,6
99	72,94	40, 4,3	150	110,54	60, 18,9
100	73,69	40, 12,6			

Nombre	francs ct.	courant flor. s. den / guld. s. den	Nombre	francs ct.	courant flor. s. den / guld. s. den
50	37,41	20.12.6	101	75.57	41.13.3
51	38,16	21.0.9	102	76.32	42.1.6
52	38,91	21.9.0	103	77.7	42.9.9
53	39,66	21.17.3	104	77.82	42.18.0
54	40,40	22.5.6	105	78.57	43.6.3
55	41,15	22.13.9	106	79.31	43.14.6
56	41,90	23.2.0	107	80.6	44.2.9
57	42,65	23.10.3	108	80.81	44.11.0
58	43,40	23.18.6	109	81.56	44.19.3
59	44,14	24.6.9	110	82.31	45.7.6
60	44,89	24.15.0	111	83.6	45.15.9
61	45,64	25.3.3	112	83.80	46.4.0
62	46,39	25.11.6	113	84.55	46.12.3
63	47,14	25.19.9	114	85.30	47.0.6
64	47,89	26.8.0	115	86.5	47.8.9
65	48,63	26.16.3	116	86.80	47.17.0
66	49,38	27.4.6	117	87.55	48.5.3
67	50,13	27.12.9	118	88.29	48.13.6
68	50,88	28.1.0	119	89.4	49.1.9
69	51,63	28.9.3	120	89.79	49.10.0
70	52,38	28.17.6	121	90.54	49.18.3
71	53,12	29.5.9	122	91.29	50.6.6
72	53,87	29.14.0	123	92.4	50.14.9
73	54,62	30.2.3	124	92.78	51.3.0
74	55,37	30.10.6	125	93.53	51.11.3
75	56,12	30.18.9	126	94.28	51.19.6
76	56,87	31.7.0	127	95.3	52.7.9
77	57,61	31.15.3	128	95.78	52.16.0
78	58,36	32.3.6	129	96.53	53.4.3
79	59,11	32.11.9	130	97.27	53.12.6
80	59,86	33.0.0	131	98.2	54.0.9
81	60,61	33.8.3	132	98.77	54.9.0
82	61,36	33.16.6	133	99.52	54.17.3
83	62,10	34.4.9	134	100.27	55.5.6
84	62,85	34.13.0	135	101.2	55.13.9
85	63,60	35.1.3	136	101.76	56.2.0
86	64,35	35.9.6	137	102.51	56.10.3
87	65,10	35.17.9	138	103.26	56.18.6
88	65,85	36.6.0	139	104.1	57.6.9
89	66,59	36.14.3	140	104.76	57.15.0
90	67,34	37.2.6	141	105.51	58.3.3
91	68,9	37.10.9	142	106.25	58.11.6
92	68,84	37.19.0	143	107.0	58.19.9
93	69,59	38.7.3	144	107.75	59.8.0
94	70,34	38.15.6	145	108.50	59.16.3
95	71,8	39.3.9	146	109.25	60.4.6
96	71,83	39.12.0	147	110.0	60.12.9
97	72,58	40.0.3	148	110.74	61.1.0
98	73,33	40.8.6	149	111.49	61.9.3
99	74.8	40.16.9	150	112.24	61.17.6
100	74.83	41.5.0			

Nombre	francs ct.	courant. flor. s. den / guld. s. den	Nombre	francs ct.	courant. flor. s. den / guld. s. den
50	37 , 98	20 , 18 , 9	101	76 , 71	42 , 5 , 9
51	38 , 73	21 , 7 , 0	102	77 , 48	42 , 14 , 3
52	39 , 50	21 , 15 , 6	103	78 , 23	43 , 2 , 6
53	40 , 24	22 , 3 , 9	104	79 , 0	43 , 11 , 0
54	41 , 2	22 , 12 , 3	105	79 , 75	43 , 19 , 3
55	41 , 76	23 , 0 , 6	106	80 , 52	44 , 7 , 9
56	42 , 53	23 , 9 , 0	107	81 , 27	44 , 16 , 0
57	43 , 28	23 , 17 , 3	108	82 , 4	45 , 4 , 6
58	44 , 5	24 , 5 , 9	109	82 , 78	45 , 12 , 9
59	44 , 80	24 , 14 , 0	110	83 , 56	46 , 1 , 3
60	45 , 57	25 , 2 , 6	111	84 , 30	46 , 9 , 6
61	46 , 32	25 , 10 , 9	112	85 , 7	46 , 18 , 0
62	47 , 9	25 . 19 , 3	113	85 , 82	47 , 6 , 3
63	47 , 84	26 , 7 , 6	114	86 , 59	47 , 14 , 9
64	48 , 61	26 , 16 , 0	115	87 , 34	48 , 3 , 0
65	49 , 36	27 , 4 , 3	116	88 , 11	48 , 11 , 6
66	50 , 13	27 , 12 , 9	117	88 , 86	48 , 19 , 9
67	50 , 88	28 , 1 , 0	118	89 , 63	49 , 8 , 3
68	51 , 65	28 , 9 , 6	119	90 , 38	49 , 16 , 6
69	52 , 40	28 , 17 , 9	120	91 , 15	50 , 5 , 0
70	53 , 17	29 , 6 , 3	121	91 , 90	50 , 13 , 3
71	53 , 92	29 , 14 , 6	122	92 , 67	51 , 1 , 9
72	54 , 69	30 , 3 , 0	123	93 , 42	51 , 10 , 0
73	55 , 44	30 , 11 , 3	124	94 , 19	51 , 18 , 6
74	56 , 21	30 , 19 , 9	125	94 , 94	52 , 6 , 9
75	56 , 96	31 , 8 , 0	126	95 , 71	52 , 15 , 3
76	57 , 73	31 , 16 , 6	127	96 , 46	53 , 3 , 6
77	58 , 48	32 , 4 , 9	128	97 , 23	53 , 12 , 0
78	59 , 25	32 , 13 , 3	129	97 , 98	54 , 0 , 3
79	60 , 0	33 , 1 , 6	130	98 , 75	54 , 8 , 9
80	60 , 77	33 , 10 , 0	131	99 , 50	54 , 17 , 0
81	61 , 51	33 , 18 , 3	132	100 , 27	55 , 5 , 6
82	62 , 29	34 , 6 , 9	133	101 , 2	55 , 13 , 9
83	63 , 3	34 , 15 , 0	134	101 , 79	56 , 2 , 3
84	63 , 81	35 , 3 , 6	135	102 , 54	56 , 10 , 6
85	64 , 55	35 , 11 , 9	136	103 , 31	56 , 19 , 0
86	65 , 32	36 , 0 , 3	137	104 , 5	57 , 7 , 3
87	66 , 7	36 , 8 , 6	138	104 , 82	57 , 15 , 9
88	66 , 84	36 , 17 , 0	139	105 , 57	58 , 4 , 0
89	67 , 59	37 , 5 , 3	140	106 , 34	58 , 12 , 6
90	68 , 36	37 , 13 , 9	141	107 , 9	59 , 0 , 9
91	69 , 11	38 , 2 , 0	142	107 , 86	59 , 9 , 3
92	69 , 88	38 , 10 , 6	143	108 , 61	59 , 17 , 6
93	70 , 63	38 , 18 , 9	144	109 , 38	60 , 6 , 0
94	71 , 40	39 , 7 , 3	145	110 , 13	60 , 14 , 3
95	72 , 15	39 , 15 , 6	146	110 , 90	61 , 2 , 9
96	72 , 92	40 , 4 , 0	147	111 , 65	61 , 11 , 0
97	73 , 67	40 , 12 , 3	148	112 , 42	61 , 19 , 6
98	74 , 44	41 , 0 , 9	149	113 , 17	62 , 7 , 9
99	75 , 19	41 , 9 , 0	150	113 , 94	62 , 16 , 3
100	75 , 96	41 , 17 , 6			

Nombre	francs ct.	courant flor. s. den. / guld. s. den	Nombre	francs ct.	courant flor. s. den / guld. s. den
50	38,54	21, 5,0	101	77,86	42,18,6
51	39,31	21,13,6	102	78,63	43, 7,0
52	40, 9	22, 2,0	103	79,41	43,15,6
53	40,86	22,10,6	104	80,18	44, 4,0
54	41,63	22,19,0	105	80,95	44,12,6
55	42,40	23, 7,6	106	81,72	45, 1,0
56	43,17	23,16,0	107	82,49	45, 9,6
57	43,94	24, 4,6	108	83,26	45,18,0
58	44,71	24,13,0	109	84, 3	46, 6,6
59	45,48	25, 1,6	110	84,80	46,15,0
60	46,25	25,10,0	111	85,57	47, 3,6
61	47, 2	25,18,6	112	86,34	47,12,0
62	47,80	26, 7,0	113	87,12	48, 0,6
63	48,57	26,15,6	114	87,89	48, 9,0
64	49,34	27, 4,0	115	88,66	48,17,6
65	50,11	27,12,6	116	89,43	49, 6,0
66	50,88	28, 1,0	117	90,20	49,14,6
67	51,65	28, 9,6	118	90,97	50, 3,0
68	52,42	28,18,0	119	91,74	50,11,6
69	53,19	29, 6,6	120	92,51	51, 0,0
70	53,96	29,15,0	121	93,28	51, 8,6
71	54,73	30, 3,6	122	94, 5	51,17,0
72	55,51	30,12,0	123	94,83	52, 5,6
73	56,28	31, 0,6	124	95,60	52,14,0
74	57, 5	31, 9,0	125	96,37	53, 2,6
75	57,82	31,17,6	126	97,14	53,11,0
76	58,59	32, 6,0	127	97,91	53,19,6
77	59,36	32,14,6	128	98,68	54, 8,0
78	60,13	33, 3,0	129	99,45	54,16,6
79	60,90	33,11,6	130	100,22	55, 5,0
80	61,67	34, 0,0	131	100,99	55,13,6
81	62,44	34, 8,6	132	101,76	56, 2,0
82	63,22	34,17,0	133	102,54	56,10,6
83	63,99	35, 5,6	134	103,31	56,19,0
84	64,76	35,14,0	135	104, 8	57, 7,6
85	65,53	36, 2,6	136	104,85	57,16,0
86	66,30	36,11,0	137	105,62	58, 4,6
87	67, 7	36,19,6	138	106,39	58,13,0
88	67,84	37, 8,0	139	107,16	59, 1,6
89	68,61	37,16,6	140	107,93	59,10,0
90	69,38	38, 5,0	141	108,70	59,18,6
91	70,15	38,13,6	142	109,47	60, 7,0
92	70,92	39, 2,0	143	110,24	60,15,6
93	71,70	39,10,6	144	111, 2	61, 4,0
94	72,47	39,19,0	145	111,79	61,12,6
95	73,24	40, 7,6	146	112,56	62, 1,0
96	74, 1	40,16,0	147	113,33	62, 9,6
97	74,78	41, 4,6	148	114,10	62,18,0
98	75,55	41,13,0	149	114,87	63, 6,6
99	76,32	42, 1,6	150	115,64	63,15,0
100	77, 9	42,10,0			

Nombre	francs ct.	courant. flor. s. den. guld. s. den	Nombre	francs ct.	courant. flor. s. den guld. s. den
50	39 , 11	21 , 11 , 3	101	79 , 0	43 , 11 , 0
51	39 , 88	21 , 19 , 9	102	79 , 77	43 , 19 , 9
52	40 , 68	22 , 8 , 6	103	80 , 56	44 , 8 , 3
53	41 , 45	22 , 17 , 0	104	81 , 36	44 , 17 , 0
54	42 , 24	23 , 5 , 9	105	82 , 13	45 , 5 , 6
55	43 , 1	23 , 14 , 3	106	82 , 92	45 , 14 , 3
56	43 , 80	24 , 3 , 0	107	83 , 69	46 , 2 , 9
57	44 , 58	24 , 11 , 6	108	84 , 48	46 , 11 , 6
58	45 , 37	25 , 0 , 3	109	85 , 26	47 , 0 , 0
59	46 , 14	25 , 8 , 9	110	86 , 5	47 , 8 , 9
60	46 , 93	25 , 17 , 6	111	86 , 82	47 , 17 , 3
61	47 , 70	26 , 6 , 0	112	87 , 61	48 , 6 , 0
62	48 , 50	26 , 14 , 9	113	88 , 39	48 , 14 , 6
63	49 , 27	27 , 3 , 3	114	89 , 18	49 , 3 , 3
64	50 , 6	27 , 12 , 0	115	89 , 95	49 , 11 , 9
65	50 , 83	28 , 0 , 6	116	90 , 74	50 , 0 , 6
66	51 , 63	28 , 9 , 3	117	91 , 51	50 , 9 , 0
67	52 , 40	28 , 17 , 9	118	92 , 31	50 , 17 , 9
68	53 , 19	29 , 6 , 6	119	93 , 8	51 , 6 , 3
69	53 , 96	29 , 15 , 0	120	93 , 87	51 , 15 , 0
70	54 , 76	30 , 3 , 9	121	94 , 64	52 , 3 , 6
71	55 , 53	30 , 12 , 3	122	95 , 44	52 , 12 , 3
72	56 , 32	31 , 1 , 0	123	96 , 21	53 , 0 , 9
73	57 , 9	31 , 9 , 6	124	97 , 0	53 , 9 , 6
74	57 , 89	31 , 18 , 3	125	97 , 77	53 , 18 , 0
75	58 , 66	32 , 6 , 9	126	98 , 57	54 , 6 , 9
76	59 , 45	32 , 15 , 6	127	99 , 34	54 , 15 , 3
77	60 , 22	33 , 4 , 0	128	100 , 13	55 , 4 , 0
78	61 , 2	33 , 12 , 9	129	100 , 90	55 , 12 , 6
79	61 , 79	34 , 1 , 3	130	101 , 70	56 , 1 , 3
80	62 , 58	34 , 10 , 0	131	102 , 47	56 , 9 , 9
81	63 , 35	34 , 18 , 6	132	103 , 26	56 , 18 , 6
82	64 , 14	35 , 7 , 3	133	104 , 3	57 , 7 , 0
83	64 , 92	35 , 15 , 9	134	104 , 82	57 , 15 , 9
84	65 , 71	36 , 4 , 6	135	105 , 60	58 , 4 , 3
85	66 , 48	36 , 13 , 0	136	106 , 39	58 , 13 , 0
86	67 , 27	37 , 1 , 9	137	107 , 16	59 , 1 , 6
87	68 , 4	37 , 10 , 3	138	107 , 95	59 , 10 , 3
88	68 , 84	37 , 19 , 0	139	108 , 73	59 , 18 , 9
89	69 , 61	38 , 7 , 6	140	109 , 52	60 , 7 , 6
90	70 , 40	38 , 16 , 3	141	110 , 29	60 , 16 , 0
91	71 , 17	39 , 4 , 9	142	111 , 8	61 , 4 , 9
92	71 , 97	39 , 13 , 6	143	111 , 85	61 , 13 , 3
93	72 , 74	40 , 2 , 0	144	112 , 65	62 , 2 , 0
94	73 , 53	40 , 10 , 9	145	113 , 42	62 , 10 , 6
95	74 , 30	40 , 19 , 3	146	114 , 21	62 , 19 , 3
96	75 , 10	41 , 8 , 0	147	114 , 98	63 , 7 , 9
97	75 , 87	41 , 16 , 6	148	115 , 8	63 , 16 , 6
98	76 , 66	42 , 5 , 3	149	116 , 55	64 , 5 , 0
99	77 , 43	42 , 13 , 9	150	117 , 34	64 , 13 , 9
100	78 , 23	43 , 2 , 6			

Nombre	francs ct.	courant. flor. s. den guld. s. den	Nombre	francs ct.	courant. flor. s. den guld. s. den
50	39 , 68	21 , 17 , 6	101	80 , 15	44 , 3 , 9
51	40 , 47	22 , 6 , 3	102	80 , 95	44 , 12 , 6
52	41 , 26	22 , 15 , 0	103	81 , 74	45 , 1 , 3
53	42 , 6	23 , 3 , 9	104	82 , 53	45 , 10 , 0
54	42 , 85	23 , 12 , 6	105	83 , 33	45 , 18 , 9
55	43 , 65	24 , 1 , 3	106	84 , 12	46 , 7 , 6
56	44 , 44	24 , 10 , 0	107	84 , 92	46 , 16 , 3
57	45 , 23	24 , 18 , 9	108	85 , 71	47 , 5 , 0
58	46 , 3	25 , 7 , 6	109	86 , 50	47 , 13 , 9
59	46 , 82	25 , 16 , 3	110	87 , 30	48 , 2 , 6
60	47 , 61	26 , 5 , 0	111	88 , 9	48 , 11 , 3
61	48 , 41	26 , 13 , 9	112	88 , 88	49 , 0 , 0
62	49 , 20	27 , 2 , 6	113	89 , 68	49 , 8 , 9
63	49 , 99	27 , 11 , 3	114	90 , 47	49 , 17 , 6
64	50 , 79	28 , 0 , 0	115	91 , 27	50 , 6 , 3
65	51 , 58	28 , 8 , 9	116	92 , 6	50 , 15 , 0
66	52 , 38	28 , 17 , 6	117	92 , 85	51 , 3 , 9
67	53 , 17	29 , 6 , 3	118	93 , 65	51 , 12 , 6
68	53 , 96	29 , 15 , 0	119	94 , 44	52 , 1 , 3
69	54 , 76	30 , 3 , 9	120	95 , 23	52 , 10 , 0
70	55 , 55	30 , 12 , 6	121	96 , 3	52 , 18 , 9
71	56 , 34	31 , 1 , 3	122	96 , 82	53 , 7 , 6
72	57 , 14	31 , 10 , 0	123	97 , 61	53 , 16 , 3
73	57 , 93	31 , 18 , 9	124	98 , 41	54 , 5 , 0
74	58 , 72	32 , 7 , 6	125	99 , 20	54 , 13 , 9
75	59 , 52	32 , 16 , 3	126	100 , 0	55 , 2 , 6
76	60 , 31	33 , 5 , 0	127	100 , 79	55 , 11 , 3
77	61 , 11	33 , 13 , 9	128	101 , 58	56 , 0 , 0
78	61 , 90	34 , 2 , 6	129	102 , 38	56 , 8 , 9
79	62 , 69	34 , 11 , 3	130	103 , 17	56 , 17 , 6
80	63 , 49	35 , 0 , 0	131	103 , 96	57 , 6 , 3
81	64 , 28	35 , 8 , 9	132	104 , 76	57 , 15 , 0
82	65 , 7	35 , 17 , 6	133	105 , 55	58 , 3 , 9
83	65 , 87	36 , 6 , 3	134	106 , 34	58 , 12 , 6
84	66 , 66	36 , 15 , 0	135	107 , 14	59 , 1 , 3
85	67 , 45	37 , 3 , 9	136	107 , 93	59 , 10 , 0
86	68 , 25	37 , 12 , 6	137	108 , 73	59 , 18 , 9
87	69 , 4	38 , 1 , 3	138	109 , 52	60 , 7 , 6
88	69 , 84	38 , 10 , 0	139	110 , 31	60 , 16 , 3
89	70 , 63	38 , 18 , 9	140	111 , 11	61 , 5 , 0
90	71 , 42	39 , 7 , 6	141	111 , 90	61 , 13 , 9
91	72 , 22	39 , 16 , 3	142	112 , 69	62 , 2 , 6
92	73 , 1	40 , 5 , 0	143	113 , 49	62 , 11 , 3
93	73 , 80	40 , 13 , 9	144	114 , 28	63 , 0 , 0
94	74 , 60	41 , 2 , 6	145	115 , 7	63 , 8 , 9
95	75 , 39	41 , 11 , 3	146	115 , 87	63 , 17 , 6
96	76 , 18	42 , 0 , 0	147	116 , 66	64 , 6 , 3
97	76 , 98	42 , 8 , 9	148	117 , 46	64 , 15 , 0
98	77 , 77	42 , 17 , 6	149	118 , 25	65 , 3 , 9
99	78 , 56	43 , 6 , 3	150	119 , 4	65 , 12 , 6
100	79 , 36	43 , 15 , 0			

Nombre	francs ct.	courant flor. (guld.)	s.	den	Nombre	francs ct.	courant flor. (guld.)	s.	den
50	40 , 24	22 ,	3 ,	9	101	81 , 29	44 ,	16 ,	3
51	41 , 4	22 ,	12 ,	6	102	82 , 10	45 ,	5 ,	3
52	41 , 85	23 ,	1 ,	6	103	82 , 90	45 ,	14 ,	0
53	42 , 65	23 ,	10 ,	3	104	83 , 71	46 ,	3 ,	0
54	43 , 46	23 ,	19 ,	3	105	84 , 51	46 ,	11 ,	9
55	44 , 26	24 ,	8 ,	0	106	85 , 32	47 ,	0 ,	9
56	45 , 7	24 ,	17 ,	0	107	86 , 12	47 ,	9 ,	6
57	45 , 87	25 ,	5 ,	9	108	86 , 93	47 ,	18 ,	6
58	46 , 68	25 ,	14 ,	9	109	87 , 73	48 ,	7 ,	3
59	47 , 48	26 ,	3 ,	6	110	88 , 54	48 ,	16 ,	3
60	48 , 29	26 ,	12 ,	6	111	89 , 34	49 ,	5 ,	0
61	49 , 9	27 ,	1 ,	3	112	90 , 15	49 ,	14 ,	0
62	49 , 90	27 ,	10 ,	3	113	90 , 95	50 ,	2 ,	9
63	50 , 70	27 ,	19 ,	0	114	91 , 76	50 ,	11 ,	9
64	51 , 51	28 ,	8 ,	0	115	92 , 56	51 ,	0 ,	6
65	52 , 31	28 ,	16 ,	9	116	93 , 37	51 ,	9 ,	6
66	53 , 12	29 ,	5 ,	9	117	94 , 17	51 ,	18 ,	3
67	53 , 92	29 ,	14 ,	6	118	94 , 98	52 ,	7 ,	3
68	54 , 73	30 ,	3 ,	6	119	95 , 78	52 ,	16 ,	0
69	55 , 53	30 ,	12 ,	3	120	96 , 59	53 ,	5 ,	0
70	56 , 34	31 ,	1 ,	3	121	97 , 39	53 ,	13 ,	9
71	57 , 14	31 ,	10 ,	0	122	98 , 20	54 ,	2 ,	9
72	57 , 95	31 ,	19 ,	0	123	99 , 0	54 ,	11 ,	6
73	58 , 75	32 ,	7 ,	9	124	99 , 81	55 ,	0 ,	6
74	59 , 56	32 ,	16 ,	9	125	100 , 61	55 ,	9 ,	3
75	60 , 36	33 ,	5 ,	6	126	101 , 42	55 ,	18 ,	3
76	61 , 17	33 ,	14 ,	6	127	102 , 22	56 ,	7 ,	0
77	61 , 97	34 ,	3 ,	3	128	103 , 3	56 ,	16 ,	0
78	62 , 78	34 ,	12 ,	3	129	103 , 83	57 ,	4 ,	9
79	63 , 58	35 ,	1 ,	0	130	104 , 64	57 ,	13 ,	9
80	64 , 39	35 ,	10 ,	0	131	105 , 44	58 ,	2 ,	6
81	65 , 19	35 ,	18 ,	9	132	106 , 25	58 ,	11 ,	6
82	66 , 0	36 ,	7 ,	9	133	107 , 5	59 ,	0 ,	3
83	66 , 80	36 ,	16 ,	6	134	107 , 86	59 ,	9 ,	3
84	67 , 61	37 ,	5 ,	6	135	108 , 66	59 ,	18 ,	0
85	68 , 41	37 ,	14 ,	3	136	109 , 47	60 ,	7 ,	0
86	69 , 22	38 ,	3 ,	3	137	110 , 27	60 ,	15 ,	9
87	70 , 2	38 ,	12 ,	0	138	111 , 8	61 ,	4 ,	9
88	70 , 83	39 ,	1 ,	0	139	111 , 88	61 ,	13 ,	6
89	71 , 63	39 ,	9 ,	9	140	112 , 69	62 ,	2 ,	6
90	72 , 44	39 ,	18 ,	9	141	113 , 49	62 ,	11 ,	3
91	73 , 24	40 ,	7 ,	6	142	114 , 30	63 ,	0 ,	3
92	74 , 5	40 ,	16 ,	6	143	115 , 10	63 ,	9 ,	0
93	74 , 85	41 ,	5 ,	3	144	115 , 91	63 ,	18 ,	0
94	75 , 66	41 ,	14 ,	3	145	116 , 71	64 ,	6 ,	9
95	76 , 46	42 ,	3 ,	0	146	117 , 52	64 ,	15 ,	9
96	77 , 27	42 ,	12 ,	0	147	118 , 32	65 ,	4 ,	6
97	78 , 7	43 ,	0 ,	9	148	119 , 13	65 ,	13 ,	6
98	78 , 88	43 ,	9 ,	9	149	119 , 93	66 ,	2 ,	3
99	79 , 68	43 ,	18 ,	6	150	120 , 74	66 ,	11 ,	3
100	80 , 49	44 ,	7 ,	6					

Nombre	francs ct.	courant flor. s. den (guld. s. den)
50	40, 81	22, 10, 0
51	41, 63	22, 19, 0
52	42, 44	23, 8, 0
53	43, 26	23, 17, 0
54	44, 8	24, 6, 0
55	44, 89	24, 15, 0
56	45, 71	25, 4, 0
57	46, 53	25, 13, 0
58	47, 34	26, 2, 0
59	48, 16	26, 11, 0
60	48, 97	27, 0, 0
61	49, 79	27, 9, 0
62	50, 61	27, 18, 0
63	51, 42	28, 7, 0
64	52, 24	28, 16, 0
65	53, 6	29, 5, 0
66	53, 87	29, 14, 0
67	54, 69	30, 3, 0
68	55, 51	30, 12, 0
69	56, 32	31, 1, 0
70	57, 14	31, 10, 0
71	57, 95	31, 19, 0
72	58, 77	32, 8, 0
73	59, 59	32, 17, 0
74	60, 40	33, 6, 0
75	61, 22	33, 15, 0
76	62, 4	34, 4, 0
77	62, 85	34, 13, 0
78	63, 67	35, 2, 0
79	64, 49	35, 11, 0
80	65, 30	36, 0, 0
81	66, 12	36, 9, 0
82	66, 93	36, 18, 0
83	67, 75	37, 7, 0
84	68, 57	37, 16, 0
85	69, 38	38, 5, 0
86	70, 20	38, 14, 0
87	71, 2	39, 3, 0
88	71, 83	39, 12, 0
89	72, 65	40, 1, 0
90	73, 46	40, 10, 0
91	74, 28	40, 19, 0
92	75, 10	41, 8, 0
93	75, 91	41, 17, 0
94	76, 73	42, 6, 0
95	77, 55	42, 15, 0
96	78, 36	43, 4, 0
97	79, 18	43, 13, 0
98	79, 99	44, 2, 0
99	80, 81	44, 11, 0
100	81, 63	45, 0, 0

Nombre	francs ct.	courant flor. s. den (guld. s. den)
101	82, 44	45, 9, 0
102	83, 26	45, 18, 0
103	84, 8	46, 7, 0
104	84, 89	46, 16, 0
105	85, 71	47, 5, 0
106	86, 53	47, 14, 0
107	87, 34	48, 3, 0
108	88, 16	48, 12, 0
109	88, 98	49, 1, 0
110	89, 79	49, 10, 0
111	90, 61	49, 19, 0
112	91, 42	50, 8, 0
113	92, 24	50, 17, 0
114	93, 6	51, 6, 0
115	93, 87	51, 15, 0
116	94, 69	52, 4, 0
117	95, 50	52, 13, 0
118	96, 32	53, 2, 0
119	97, 14	53, 11, 0
120	97, 95	54, 0, 0
121	98, 77	54, 9, 0
122	99, 59	54, 18, 0
123	100, 40	55, 7, 0
124	101, 22	55, 16, 0
125	102, 4	56, 5, 0
126	102, 85	56, 14, 0
127	103, 67	57, 3, 0
128	104, 49	57, 12, 0
129	105, 30	58, 1, 0
130	106, 12	58, 10, 0
131	106, 93	58, 19, 0
132	107, 75	59, 8, 0
133	108, 57	59, 17, 0
134	109, 38	60, 6, 0
135	110, 20	60, 15, 0
136	111, 2	61, 4, 0
137	111, 83	61, 13, 0
138	112, 65	62, 2, 0
139	113, 47	62, 11, 0
140	114, 28	63, 0, 0
141	115, 10	63, 9, 0
142	115, 91	63, 18, 0
143	116, 73	64, 7, 0
144	117, 55	64, 16, 0
145	118, 36	65, 5, 0
146	119, 18	65, 14, 0
147	120, 0	66, 3, 0
148	120, 81	66, 12, 0
149	121, 63	67, 1, 0
150	122, 44	67, 10, 0

Nombre	francs ct.	courant. flor. s. den / guld. s. den	Nombre	francs ct.	courant. flor. s. den / guld. s. den
50	41 , 38	22 , 16 , 3	101	83 , 58	46 , 1 , 6
51	42 , 19	23 , 5 , 3	102	84 , 42	46 , 10 , 9
52	43 , 3	23 , 14 , 6	103	85 , 23	46 , 19 , 9
53	43 , 85	24 , 3 , 6	104	86 , 7	47 , 9 , 0
54	44 , 69	24 , 12 , 9	105	86 , 89	47 , 18 , 0
55	45 , 51	25 , 1 , 9	106	87 , 73	48 , 7 , 3
56	46 , 34	25 , 11 , 0	107	88 , 54	48 , 16 , 3
57	47 , 16	26 , 0 , 0	108	89 , 38	49 , 5 , 6
58	48 , 0	26 , 9 , 3	109	90 , 20	49 , 14 , 6
59	48 , 82	26 , 18 , 3	110	91 , 4	50 , 3 , 9
60	49 , 66	27 , 7 , 6	111	91 , 85	50 , 12 , 9
61	50 , 47	27 , 16 , 6	112	92 , 69	51 , 2 , 0
62	51 , 31	28 , 5 , 9	113	93 , 51	51 , 11 , 0
63	52 , 13	28 , 14 , 9	114	94 , 35	52 , 0 , 3
64	52 , 97	29 , 4 , 0	115	95 , 17	52 , 9 , 3
65	53 , 78	29 , 13 , 0	116	96 , 0	52 , 18 , 6
66	54 , 62	30 , 2 , 3	117	96 , 82	53 , 7 , 6
67	55 , 44	30 , 11 , 3	118	97 , 66	53 , 16 , 9
68	56 , 28	31 , 0 , 6	119	98 , 48	54 , 5 , 9
69	57 , 9	31 , 9 , 6	120	99 , 32	54 , 15 , 0
70	57 , 93	31 , 18 , 9	121	100 , 13	55 , 4 , 0
71	58 , 75	32 , 7 , 9	122	100 , 97	55 , 13 , 3
72	59 , 59	32 , 17 , 0	123	101 , 79	56 , 2 , 3
73	60 , 40	33 , 6 , 0	124	102 , 63	56 , 11 , 6
74	61 , 24	33 , 15 , 3	125	103 , 44	57 , 0 , 6
75	62 , 6	34 , 4 , 3	126	104 , 28	57 , 9 , 9
76	62 , 90	34 , 13 , 6	127	105 , 10	57 , 18 , 9
77	63 , 71	35 , 2 , 6	128	105 , 94	58 , 8 , 0
78	64 , 55	35 , 11 , 9	129	106 , 75	58 , 17 , 0
79	65 , 37	36 , 0 , 9	130	107 , 59	59 , 6 , 3
80	66 , 21	36 , 10 , 0	131	108 , 41	59 , 15 , 3
81	67 , 2	36 , 19 , 0	132	109 , 25	60 , 4 , 6
82	67 , 86	37 , 8 , 3	133	110 , 6	60 , 13 , 6
83	68 , 68	37 , 17 , 3	134	110 , 90	61 , 2 , 9
84	69 , 52	38 , 6 , 6	135	111 , 72	61 , 11 , 9
85	70 , 34	38 , 15 , 6	136	112 , 56	62 , 1 , 0
86	71 , 17	39 , 4 , 9	137	113 , 37	62 , 10 , 0
87	71 , 99	39 , 13 , 9	138	114 , 21	62 , 19 , 3
88	72 , 83	40 , 3 , 0	139	115 , 3	63 , 8 , 3
89	73 , 65	40 , 12 , 0	140	115 , 87	63 , 17 , 6
90	74 , 49	41 , 1 , 3	141	116 , 68	64 , 6 , 6
91	75 , 30	41 , 10 , 3	142	117 , 52	64 , 15 , 9
92	76 , 14	41 , 19 , 6	143	118 , 34	65 , 4 , 9
93	76 , 96	42 , 8 , 6	144	119 , 18	65 , 14 , 0
94	77 , 80	42 , 17 , 9	145	120 , 0	66 , 3 , 0
95	78 , 61	43 , 6 , 9	146	120 , 83	66 , 12 , 3
96	79 , 45	43 , 16 , 0	147	121 , 65	67 , 1 , 3
97	80 , 27	44 , 5 , 0	148	122 , 49	67 , 10 , 6
98	81 , 11	44 , 14 , 3	149	123 , 31	67 , 19 , 6
99	81 , 92	45 , 3 , 3	150	124 , 15	68 , 8 , 9
100	82 , 76	45 , 12 , 6			

Nombre	francs ct.	courant. flor. s. den / guld. s. den	Nombre	francs ct.	courant. flor. s. den / guld. s. den
50	41 , 95	23 . 2 . 6	101	84 . 73	46 . 14 . 3
51	42 , 78	23 . 11 . 9	102	85 . 57	47 . 3 . 6
52	43 , 62	24 . 1 . 0	103	86 . 41	47 . 12 . 9
53	44 , 46	24 . 10 . 3	104	87 . 25	48 . 2 . 0
54	45 , 30	24 . 19 . 6	105	88 . 9	48 . 11 . 3
55	46 , 14	25 . 8 . 9	106	88 . 93	49 . 0 . 6
56	46 , 98	25 . 18 . 0	107	89 . 77	49 . 9 . 9
57	47 , 82	26 . 7 . 3	108	90 . 61	49 . 19 . 0
58	48 , 66	26 . 16 . 6	109	91 . 45	50 . 8 . 3
59	49 , 50	27 . 5 . 9	110	92 . 29	50 . 17 . 6
60	50 , 34	27 . 15 . 0	111	93 . 13	51 . 6 . 9
61	51 , 17	28 . 4 . 3	112	93 . 96	51 . 16 . 0
62	52 , 1	28 . 13 . 6	113	94 . 80	52 . 5 . 3
63	52 , 85	29 . 2 . 9	114	95 . 64	52 . 14 . 6
64	53 , 69	29 . 12 . 0	115	96 . 48	53 . 3 . 9
65	54 , 53	30 . 1 . 3	116	97 . 32	53 . 13 . 0
66	55 , 37	30 . 10 . 6	117	98 . 16	54 . 2 . 3
67	56 , 21	30 . 19 . 9	118	99 . 0	54 . 11 . 6
68	57 , 5	31 . 9 . 0	119	99 . 84	55 . 0 . 9
69	57 , 89	31 . 18 . 3	120	100 . 68	55 . 10 . 0
70	58 , 73	32 . 7 . 6	121	101 . 51	55 . 19 . 3
71	59 , 57	32 . 16 . 9	122	102 . 35	56 . 8 . 6
72	60 , 40	33 . 6 . 0	123	103 . 19	56 . 17 . 9
73	61 , 24	33 . 15 . 3	124	104 . 3	57 . 7 . 0
74	62 , 8	34 . 4 . 6	125	104 . 87	57 . 16 . 3
75	62 , 92	34 . 13 . 9	126	105 . 71	58 . 5 . 6
76	63 , 76	35 . 3 . 0	127	106 . 55	58 . 14 . 9
77	64 , 60	35 . 12 . 3	128	107 . 39	59 . 4 . 0
78	65 , 44	36 . 1 . 6	129	108 . 23	59 . 13 . 3
79	66 , 28	36 . 10 . 9	130	109 . 7	60 . 2 . 6
80	67 , 12	37 . 0 . 0	131	109 . 90	60 . 11 . 9
81	67 , 95	37 . 9 . 3	132	110 . 74	61 . 1 . 0
82	68 , 79	37 . 18 . 6	133	111 . 58	61 . 10 . 3
83	69 , 63	38 . 7 . 9	134	112 . 42	61 . 19 . 6
84	70 , 47	38 . 17 . 0	135	113 . 26	62 . 8 . 9
85	71 , 81	39 . 6 . 3	136	114 . 10	62 . 18 . 0
86	72 , 15	39 . 15 . 6	137	114 . 94	63 . 7 . 3
87	72 , 99	40 . 4 . 9	138	115 . 78	63 . 16 . 6
88	73 , 83	40 . 14 . 0	139	116 . 62	64 . 5 . 9
89	74 , 67	41 . 3 . 3	140	117 . 46	64 . 15 . 0
90	75 . 51	41 . 12 . 6	141	118 . 29	65 . 4 . 3
91	76 , 34	42 . 1 . 9	142	119 . 13	65 . 13 . 6
92	77 , 18	42 . 11 . 0	143	119 . 97	66 . 2 . 9
93	78 . 2	43 . 0 . 3	144	120 . 81	66 . 12 . 0
94	78 , 86	43 . 9 . 6	145	121 . 65	67 . 1 . 3
95	79 , 70	43 . 18 . 9	146	122 . 49	67 . 10 . 6
96	80 , 54	44 . 8 . 0	147	123 . 33	67 . 19 . 9
97	81 , 38	44 . 17 . 3	148	124 . 17	68 . 9 . 0
98	82 , 22	45 . 6 . 6	149	125 . 1	68 . 18 . 3
99	83 . 6	45 . 15 . 9	150	125 . 85	69 . 7 . 6
100	83 . 90	46 . 5 . 0			

Nombre	francs ct.	courant flor. s. den / guld. s. den	Nombre	francs ct.	courant flor. s. den / guld. s. den
50	42, 51	23, 8, 9	101	85, 87	47, 6, 0
51	43, 35	23, 18, 0	102	86, 73	47, 16, 3
52	44, 21	24, 7, 6	103	87, 57	48, 5, 6
53	45, 5	24, 16, 9	104	88, 43	48, 15, 0
54	45, 91	25, 6, 3	105	89, 27	49, 4, 3
55	46, 75	25, 15, 6	106	90, 13	49, 13, 9
56	47, 61	26, 5, 0	107	90, 97	50, 3, 0
57	48, 45	26, 14, 3	108	91, 83	50, 12, 6
58	49, 31	27, 3, 9	109	92, 67	51, 1, 9
59	50, 15	27, 13, 0	110	93, 53	51, 11, 3
60	51, 2	28, 2, 6	111	94, 37	52, 0, 6
61	51, 85	28, 11, 9	112	95, 23	52, 10, 0
62	52, 72	29, 1, 3	113	96, 7	52, 19, 3
63	53, 56	29, 10, 6	114	96, 93	53, 8, 9
64	54, 42	30, 0, 0	115	97, 77	53, 18, 0
65	55, 26	30, 9, 3	116	98, 63	54, 7, 6
66	56, 12	30, 18, 9	117	99, 47	54, 16, 9
67	56, 96	31, 8, 0	118	100, 34	55, 6, 3
68	57, 82	31, 17, 6	119	101, 17	55, 15, 6
69	58, 66	32, 6, 9	120	102, 4	56, 5, 0
70	59, 52	32, 16, 3	121	102, 87	56, 14, 3
71	60, 36	33, 5, 6	122	103, 74	57, 3, 9
72	61, 22	33, 15, 0	123	104, 58	57, 13, 0
73	62, 6	34, 4, 3	124	105, 44	58, 2, 6
74	62, 92	34, 13, 9	125	106, 28	58, 11, 9
75	63, 76	35, 3, 0	126	107, 14	59, 1, 3
76	64, 62	35, 12, 6	127	107, 98	59, 10, 6
77	65, 46	36, 1, 9	128	108, 84	60, 0, 0
78	66, 32	36, 11, 3	129	109, 68	60, 9, 3
79	67, 16	37, 0, 6	130	110, 54	60, 18, 9
80	68, 2	37, 10, 0	131	111, 38	61, 8, 0
81	68, 86	37, 19, 3	132	112, 24	61, 17, 6
82	69, 72	38, 8, 9	133	113, 8	62, 6, 9
83	70, 56	38, 18, 0	134	113, 94	62, 16, 3
84	71, 42	39, 7, 6	135	114, 78	63, 5, 6
85	72, 26	39, 16, 9	136	115, 64	63, 15, 0
86	73, 12	40, 6, 3	137	116, 48	64, 4, 3
87	73, 96	40, 15, 6	138	117, 34	64, 13, 9
88	74, 83	41, 5, 0	139	118, 18	65, 3, 0
89	75, 66	41, 14, 3	140	119, 4	65, 12, 6
90	76, 53	42, 3, 9	141	119, 88	66, 1, 9
91	77, 37	42, 13, 0	142	120, 74	66, 11, 3
92	78, 23	43, 2, 6	143	121, 58	67, 0, 6
93	79, 7	43, 11, 9	144	122, 44	67, 10, 0
94	79, 93	44, 1, 3	145	123, 28	67, 19, 3
95	80, 77	44, 10, 6	146	124, 15	68, 8, 9
96	81, 63	45, 0, 0	147	124, 98	68, 18, 0
97	82, 47	45, 9, 3	148	125, 85	69, 7, 6
98	83, 33	45, 18, 9	149	126, 68	69, 16, 9
99	84, 17	46, 8, 0	150	127, 55	70, 6, 3
100	85, 3	46, 17, 6			

Nombre	francs ct.	courant. flor. s. den (guld. s. den)	Nombre	francs ct.	courant. flor. s. den (guld. s. den)
50	43, 8	23, 15, 0	101	87, 3	47, 19, 6
51	43, 94	24, 4, 6	102	87, 89	48, 9, 0
52	44, 80	24, 14, 0	103	88, 75	48, 18, 6
53	45, 66	25, 3, 6	104	89, 61	49, 8, 0
54	46, 53	25, 13, 0	105	90, 47	49, 17, 6
55	47, 39	26, 2, 6	106	91, 33	50, 7, 0
56	48, 25	26, 12, 0	107	92, 19	50, 16, 6
57	49, 11	27, 1, 6	108	93, 6	51, 6, 0
58	49, 97	27, 11, 0	109	93, 92	51, 15, 6
59	50, 84	28, 0, 6	110	94, 78	52, 5, 0
60	51, 70	28, 10, 0	111	95, 64	52, 14, 6
61	52, 56	28, 19, 6	112	96, 50	53, 4, 0
62	53, 42	29, 9, 0	113	97, 36	53, 13, 6
63	54, 28	29, 18, 6	114	98, 23	54, 3, 0
64	55, 14	30, 8, 0	115	99, 9	54, 12, 6
65	56, 0	30, 17, 6	116	99, 95	55, 2, 0
66	56, 87	31, 7, 0	117	100, 81	55, 11, 6
67	57, 73	31, 16, 6	118	101, 67	56, 1, 0
68	58, 59	32, 6, 0	119	102, 53	56, 10, 6
69	59, 45	32, 15, 6	120	103, 40	57, 0, 0
70	60, 31	33, 5, 0	121	104, 26	57, 9, 6
71	61, 17	33, 14, 6	122	105, 12	57, 19, 0
72	62, 4	34, 4, 0	123	105, 98	58, 8, 6
73	62, 90	34, 13, 6	124	106, 84	58, 18, 0
74	63, 76	35, 3, 0	125	107, 70	59, 7, 6
75	64, 62	35, 12, 6	126	108, 57	59, 17, 0
76	65, 48	36, 2, 0	127	109, 43	60, 6, 6
77	66, 34	36, 11, 6	128	110, 29	60, 16, 0
78	67, 21	37, 1, 0	129	111, 15	61, 5, 6
79	68, 7	37, 10, 6	130	112, 1	61, 15, 0
80	68, 93	38, 0, 0	131	112, 87	62, 4, 6
81	69, 79	38, 9, 6	132	113, 74	62, 14, 0
82	70, 65	38, 19, 0	133	114, 60	63, 3, 6
83	71, 51	39, 8, 6	134	115, 46	63, 13, 0
84	72, 38	39, 18, 0	135	116, 32	64, 2, 6
85	73, 24	40, 7, 6	136	117, 18	64, 12, 0
86	74, 10	40, 17, 0	137	118, 4	65, 1, 6
87	74, 96	41, 6, 6	138	118, 91	65, 11, 0
88	75, 82	41, 16, 0	139	119, 77	66, 0, 6
89	76, 68	42, 5, 6	140	120, 63	66, 10, 0
90	77, 55	42, 15, 0	141	121, 49	66, 19, 6
91	78, 41	43, 4, 6	142	122, 35	67, 9, 0
92	79, 27	43, 14, 0	143	123, 22	67, 18, 6
93	80, 13	44, 3, 6	144	124, 8	68, 8, 0
94	80, 99	44, 13, 0	145	124, 94	68, 17, 6
95	81, 85	45, 2, 6	146	125, 80	69, 7, 0
96	82, 72	45, 12, 0	147	126, 66	69, 16, 6
97	83, 58	46, 1, 6	148	127, 52	70, 6, 0
98	84, 44	46, 11, 0	149	128, 39	70, 15, 6
99	85, 30	47, 0, 6	150	129, 25	71, 5, 0
100	86, 16	47, 10, 0			

G

Nombre	francs ct.	courant. flor. s. den. / guld. s. den	Nombre	francs ct.	courant. flor. s. den / guld. s. den
50	43 , 65	24 , 1 , 3	101	88 , 16	48 , 12 , 0
51	44 , 51	24 , 10 , 9	102	89 , 2	49 , 1 , 9
52	45 , 39	25 , 0 , 6	103	89 , 90	49 , 11 , 3
53	46 , 25	25 , 10 , 0	104	90 , 77	50 , 1 , 0
54	47 , 14	25 , 19 , 9	105	91 , 65	50 , 10 , 6
55	48 , 0	26 , 9 , 3	106	92 , 51	51 , 0 , 3
56	48 , 88	26 , 19 , 0	107	93 , 40	51 , 9 , 9
57	49 , 75	27 , 8 , 6	108	94 , 26	51 , 19 , 6
58	50 , 63	27 , 18 , 3	109	95 , 14	52 , 9 , 0
59	51 , 49	28 , 7 , 9	110	96 , 3	52 , 18 , 9
60	52 , 38	28 , 17 , 6	111	96 , 89	53 , 8 , 3
61	53 , 24	29 , 7 , 0	112	97 , 77	53 , 18 , 0
62	54 , 12	29 , 16 , 9	113	98 , 63	54 , 7 , 6
63	54 , 98	30 , 6 , 3	114	99 , 52	54 , 17 , 3
64	55 , 87	30 , 16 , 0	115	100 , 38	55 , 6 , 9
65	56 , 73	31 , 5 , 6	116	101 , 27	55 , 16 , 6
66	57 , 61	31 , 15 , 3	117	102 , 13	56 , 6 , 0
67	58 , 48	32 , 4 , 9	118	103 , 1	56 , 15 , 9
68	59 , 36	32 , 14 , 6	119	103 , 87	57 , 5 , 3
69	60 , 22	33 , 4 , 0	120	104 , 76	57 , 15 , 0
70	61 , 11	33 , 13 , 9	121	105 , 62	58 , 4 , 6
71	61 , 97	34 , 3 , 3	122	106 , 50	58 , 14 , 3
72	62 , 85	34 , 13 , 0	123	107 , 36	59 , 3 , 9
73	63 , 71	35 , 2 , 6	124	108 , 25	59 , 13 , 6
74	64 , 60	35 , 12 , 3	125	109 , 11	60 , 3 , 0
75	65 , 46	36 , 1 , 9	126	110 , 0	60 , 12 , 9
76	66 , 34	36 , 11 , 6	127	110 , 86	61 , 2 , 3
77	67 , 21	37 , 1 , 0	128	111 , 74	61 , 12 , 0
78	68 , 9	37 , 10 , 9	129	112 , 60	62 , 1 , 6
79	68 , 95	38 , 0 , 3	130	113 , 49	62 , 11 , 3
80	69 , 84	38 , 10 , 0	131	114 , 35	63 , 0 , 9
81	70 , 70	38 , 19 , 6	132	115 , 23	63 , 10 , 6
82	71 , 58	39 , 9 , 3	133	116 , 10	64 , 0 , 0
83	72 , 44	39 , 18 , 9	134	116 , 98	64 , 9 , 9
84	73 , 33	40 , 8 , 6	135	117 , 84	64 , 19 , 3
85	74 , 19	40 , 18 , 0	136	118 , 73	65 , 9 , 0
86	75 , 7	41 , 7 , 9	137	119 , 59	65 , 18 , 6
87	75 , 94	41 , 17 , 3	138	120 , 47	66 , 8 , 3
88	76 , 82	42 , 7 , 0	139	121 , 33	66 , 17 , 9
89	77 , 68	42 , 16 , 6	140	122 , 22	67 , 7 , 6
90	78 , 57	43 , 6 , 3	141	123 , 8	67 , 17 , 0
91	79 , 43	43 , 15 , 9	142	123 , 96	68 , 6 , 9
92	80 , 31	44 , 5 , 6	143	124 , 83	68 , 16 , 3
93	81 , 17	44 , 15 , 0	144	125 , 71	69 , 6 , 0
94	82 , 6	45 , 4 , 9	145	126 , 57	69 , 15 , 6
95	82 , 92	45 , 14 , 3	146	127 , 46	70 , 5 , 3
96	83 , 80	46 , 4 , 0	147	128 , 32	70 , 14 , 9
97	84 , 67	46 , 13 , 6	148	129 , 20	71 , 4 , 6
98	85 , 55	47 , 3 , 3	149	130 , 6	71 , 14 , 0
99	86 , 41	47 , 12 , 9	150	130 , 95	72 , 3 , 9
100	87 , 30	48 , 2 , 6			

Nombre	francs, ct.	courant guld, s, den.
51	[illegible]	24, 17, 3
52	[illegible]	25, 7, 0
53	[illegible]	25, 16, 9
54	[illegible]	26, 6, 6
55	[illegible]	26, 16, 3
56	[illegible]	27, 6, 0
57	[illegible]	27, 15, 9
58	[illegible]	28, 5, 6
59	[illegible]	28, 15, 3
60	[illegible]	29, 5, 0
61	[illegible]	29, 14, 9
62	[illegible]	30, 4, 6
63	[illegible]	30, 14, 3
64	[illegible]	31, 4, 0
65	[illegible]	31, 13, 9
66	[illegible]	32, 3, 6
67	[illegible]	32, 13, 3
68	[illegible]	33, 3, 0
69	[illegible]	33, 12, 9
70	[illegible]	34, 2, 6
71	[illegible]	34, 12, 3
72	[illegible]	35, 2, 0
73	[illegible]	35, 11, 9
74	[illegible]	36, 1, 6
75	[illegible]	36, 11, 3
76	[illegible]	37, 1, 0
77	68, 9	37, 10, 9
78	68, 98	38, 0, 6
79	69, 86	38, 10, 3
80	70, 74	39, 0, 0
81	71, 63	39, 9, 9
82	72, 51	39, 19, 6
83	73, 40	40, 9, 3
84	74, 28	40, 19, 0
85	75, 17	41, 8, 9
86	76, 5	41, 18, 6
87	76, 93	42, 8, 3
88	77, 82	42, 18, 0
89	78, 70	43, 7, 9
90	79, 59	43, 17, 6
91	80, 47	44, 7, 3
92	81, 36	44, 17, 0
93	82, 24	45, 6, 9
94	83, 12	45, 16, 6
95	84, 1	46, 6, 3
96	84, 89	46, 16, 0
97	85, 78	47, 5, 9
98	86, 66	47, 15, 6
99	87, 55	48, 5, 3
100	88, 43	48, 15, 0

Nombre	francs, ct.	courant guld, s, den.
101	89, 32	49, 4, 9
102	90, 20	49, 14, 6
103	91, 8	50, 4, 3
104	91, 97	50, 14, 0
105	92, 85	51, 3, 9
106	93, 74	51, 13, 6
107	94, 62	52, 3, 3
108	95, 51	52, 13, 0
109	96, 39	53, 2, 9
110	97, 27	53, 12, 6
111	98, 16	54, 2, 3
112	99, 4	54, 12, 0
113	99, 93	55, 1, 9
114	100, 81	55, 11, 6
115	101, 70	56, 1, 3
116	102, 58	56, 11, 0
117	103, 47	57, 0, 9
118	104, 35	57, 10, 6
119	105, 23	58, 0, 3
120	106, 12	58, 10, 0
121	107, 0	58, 19, 9
122	107, 89	59, 9, 6
123	108, 77	59, 19, 3
124	109, 65	60, 9, 0
125	110, 54	60, 18, 9
126	111, 42	61, 8, 6
127	112, 31	61, 18, 3
128	113, 19	62, 8, 0
129	114, 8	62, 17, 9
130	114, 96	63, 7, 6
131	115, 85	63, 17, 3
132	116, 73	64, 7, 0
133	117, 61	64, 16, 9
134	118, 50	65, 6, 6
135	119, 38	65, 16, 3
136	120, 27	66, 6, 0
137	121, 15	66, 15, 9
138	122, 4	67, 5, 6
139	122, 92	67, 15, 3
140	123, 80	68, 5, 0
141	124, 69	68, 14, 9
142	125, 57	69, 4, 6
143	126, 46	69, 14, 3
144	127, 34	70, 4, 0
145	128, 23	70, 13, 9
146	129, 11	71, 3, 6
147	130, 0	71, 13, 3
148	130, 88	72, 3, 0
149	131, 76	72, 12, 9
150	132, 65	73, 2, 6

Nombre	francs ct	courant flor. / guld.	s.	den.	Nombre	francs ct	courant flor. / guld.	s.	den.
50	44,78	24	13	9	101	90,45	49	17	3
51	45,66	25	3	6	102	91,36	50	7	3
52	46,57	25	13	6	103	92,24	50	17	0
53	47,46	26	3	3	104	93,15	51	7	0
54	48,36	26	13	3	105	94,3	51	16	9
55	49,25	27	3	0	106	94,94	52	6	9
56	50,15	27	13	0	107	95,82	52	16	6
57	51,4	28	2	9	108	96,73	53	6	6
58	51,95	28	12	9	109	97,61	53	16	3
59	52,83	29	2	6	110	98,52	54	6	3
60	53,74	29	12	6	111	99,41	54	16	0
61	54,62	30	2	3	112	100,31	55	6	0
62	55,53	30	12	3	113	101,20	55	15	9
63	56,41	31	2	0	114	102,10	56	5	9
64	57,32	31	12	0	115	102,99	56	15	6
65	58,20	32	1	9	116	103,90	57	5	6
66	59,11	32	11	9	117	104,78	57	15	3
67	60,0	33	1	6	118	105,69	58	5	3
68	60,90	33	11	6	119	106,57	58	15	0
69	61,79	34	1	3	120	107,48	59	5	0
70	62,69	34	11	3	121	108,36	59	14	9
71	63,58	35	1	0	122	109,27	60	4	9
72	64,48	35	11	0	123	110,15	60	14	6
73	65,37	36	0	9	124	111,6	61	4	6
74	66,28	36	10	9	125	111,94	61	14	3
75	67,16	37	0	6	126	112,85	62	4	3
76	68,7	37	10	6	127	113,74	62	14	0
77	68,95	38	0	3	128	114,64	63	4	0
78	69,86	38	10	3	129	115,53	63	13	9
79	70,74	39	0	0	130	116,44	64	3	9
80	71,65	39	10	0	131	117,32	64	13	6
81	72,53	39	19	9	132	118,23	65	3	6
82	73,44	40	9	9	133	119,11	65	13	3
83	74,33	40	19	6	134	120,2	66	3	3
84	75,23	41	9	6	135	120,90	66	13	0
85	76,12	41	19	3	136	121,81	67	3	0
86	77,2	42	9	3	137	122,69	67	12	9
87	77,91	42	19	0	138	123,60	68	2	9
88	78,82	43	9	0	139	124,48	68	12	6
89	79,70	43	18	9	140	125,39	69	2	6
90	80,61	44	8	9	141	126,28	69	12	3
91	81,49	44	18	6	142	127,18	70	2	3
92	82,40	45	8	6	143	128,7	70	12	0
93	83,28	45	18	3	144	128,97	71	2	0
94	84,19	46	8	3	145	129,86	71	11	9
95	85,7	46	18	0	146	130,77	72	1	9
96	85,98	47	8	0	147	131,65	72	11	6
97	86,87	47	17	9	148	132,56	73	1	6
98	87,77	48	7	9	149	133,44	73	11	3
99	88,66	48	17	6	150	134,35	74	1	3
100	89,56	49	7	6					

Nombre	francs ct.	courant. flor. s. den guld. s. den	Nombre	francs ct.	courant. flor. s. den guld. s. den
50	45 , 35	25 , 0 , 0	101	91 , 61	50 , 10 , 0
51	46 , 25	25 , 10 , 0	102	92 , 51	51 , 0 , 0
52	47 , 16	26 , 0 , 0	103	93 , 42	51 , 10 , 0
53	48 , 7	26 , 10 , 0	104	94 , 33	52 , 0 , 0
54	48 , 97	27 , 0 , 0	105	95 , 23	52 , 10 , 0
55	49 , 88	27 , 10 , 0	106	96 , 14	53 , 0 , 0
56	50 , 79	28 , 0 , 0	107	97 , 5	53 , 10 , 0
57	51 , 70	28 , 10 , 0	108	97 , 95	54 , 0 , 0
58	52 . 60	29 , 0 , 0	109	98 , 86	54 , 10 , 0
59	53 , 51	29 , 10 , 0	110	99 , 77	55 , 0 , 0
60	54 , 42	30 , 0 , 0	111	100 , 68	55 , 10 , 0
61	55 , 32	30 , 10 , 0	112	101 , 58	56 , 0 , 0
62	56 , 23	31 , 0 , 0	113	102 , 49	56 , 10 , 0
63	57 , 14	31 , 10 , 0	114	103 , 40	57 , 0 , 0
64	58 , 4	32 , 0 , 0	115	104 , 30	57 , 10 , 0
65	58 , 95	32 , 10 , 0	116	105 , 21	58 , 0 , 0
66	59 , 86	33 , 0 , 0	117	106 , 12	58 , 10 , 0
67	60 , 77	33 , 10 , 0	118	107 , 2	59 , 0 , 0
68	61 , 67	34 , 0 , 0	119	107 , 93	59 , 10 , 0
69	62 , 58	34 , 10 , 0	120	108 , 84	60 , 0 , 0
70	63 , 49	35 , 0 , 0	121	109 , 75	60 , 10 , 0
71	64 , 39	35 , 10 , 0	122	110 , 65	61 , 0 , 0
72	65 , 30	36 , 0 , 0	123	111 , 56	61 , 10 , 0
73	66 , 21	36 , 10 , 0	124	112 , 47	62 , 0 , 0
74	67 , 12	37 , 0 , 0	125	113 , 37	62 , 10 , 0
75	68 , 2	37 , 10 , 0	126	114 , 28	63 , 0 , 0
76	68 , 93	38 , 0 , 0	127	115 , 19	63 , 10 , 0
77	69 , 84	38 , 10 , 0	128	116 , 10	64 , 0 , 0
78	70 , 74	39 , 0 , 0	129	117 , 0	64 , 10 , 0
79	71 , 65	39 , 10 , 0	130	117 , 91	65 , 0 , 0
80	72 , 56	40 , 0 , 0	131	118 , 82	65 , 10 , 0
81	73 , 46	40 , 10 , 0	132	119 , 72	66 , 0 , 0
82	74 , 37	41 , 0 , 0	133	120 , 63	66 , 10 , 0
83	75 , 28	41 , 10 , 0	134	121 , 54	67 , 0 , 0
84	76 , 19	42 , 0 , 0	135	122 , 44	67 , 10 , 0
85	77 , 9	42 , 10 , 0	136	123 , 35	68 , 0 , 0
86	78 , 0	43 , 0 , 0	137	124 , 26	68 , 10 , 0
87	78 , 91	43 , 10 , 0	138	125 , 17	69 , 0 , 0
88	79 , 81	44 , 0 , 0	139	126 , 7	69 , 10 , 0
89	80 , 72	44 , 10 , 0	140	126 , 98	70 , 0 , 0
90	81 , 63	45 , 0 , 0	141	127 , 89	70 , 10 , 0
91	82 , 53	45 , 10 , 0	142	128 , 79	71 , 0 , 0
92	83 , 44	46 , 0 , 0	143	129 , 70	71 , 10 , 0
93	84 , 35	46 , 10 , 0	144	130 , 61	72 , 0 , 0
94	85 , 26	47 , 0 , 0	145	131 , 51	72 , 10 , 0
95	86 , 16	47 , 10 , 0	146	132 , 42	73 , 0 , 0
96	87 , 7	48 , 0 , 0	147	133 , 33	73 , 10 , 0
97	87 , 98	48 , 10 , 0	148	134 , 24	74 , 0 , 0
98	88 , 88	49 , 0 , 0	149	135 , 14	74 , 10 , 0
99	89 , 79	49 , 10 , 0	150	136 , 5	75 , 0 , 0
100	90 , 70	50 , 0 , 0			

Nombre	francs ct.	courant. flor. s. den guld. s. den			Nombre	francs ct.	courant. flor. s. den guld. s. den		
50	45, 91	25	6	3	101	92, 74	51	2	6
51	46, 82	25	16	3	102	93, 67	51	12	9
52	47, 75	26	6	6	103	94, 58	52	2	9
53	48, 66	26	16	6	104	95, 51	52	13	0
54	49, 59	27	6	9	105	96, 41	53	3	0
55	50, 49	27	16	9	106	97, 34	53	13	3
56	51, 42	28	7	0	107	98, 25	54	3	3
57	52, 33	28	17	0	108	99, 18	54	13	6
58	53, 26	29	7	3	109	100, 9	55	3	6
59	54, 17	29	17	3	110	101, 2	55	13	9
60	55, 10	30	7	6	111	101, 92	56	3	9
61	56, 0	30	17	6	112	102, 85	56	14	0
62	56, 93	31	7	9	113	103, 76	57	4	0
63	57, 84	31	17	9	114	104, 69	57	14	3
64	58, 77	32	8	0	115	105, 60	58	4	3
65	59, 68	32	18	0	116	106, 53	58	14	6
66	60, 61	33	8	3	117	107, 43	59	4	6
67	61, 51	33	18	3	118	108, 36	59	14	9
68	62, 44	34	8	6	119	109, 27	60	4	9
69	63, 35	34	18	6	120	110, 20	60	15	0
70	64, 28	35	8	9	121	111, 11	61	5	0
71	65, 19	35	18	9	122	112, 4	61	15	3
72	66, 12	36	9	0	123	112, 94	62	5	3
73	67, 2	36	19	0	124	113, 87	62	15	6
74	67, 95	37	9	3	125	114, 78	63	5	6
75	68, 86	37	19	3	126	115, 71	63	15	9
76	69, 79	38	9	6	127	116, 62	64	5	9
77	70, 70	38	19	6	128	117, 55	64	16	0
78	71, 63	39	9	9	129	118, 45	65	6	0
79	72, 53	39	19	9	130	119, 38	65	16	3
80	73, 46	40	10	0	131	120, 29	66	6	3
81	74, 37	41	0	0	132	121, 22	66	16	6
82	75, 30	41	10	3	133	122, 13	67	6	6
83	76, 21	42	0	3	134	123, 6	67	16	9
84	77, 14	42	10	6	135	123, 96	68	6	9
85	78, 4	43	0	6	136	124, 89	68	17	0
86	78, 97	43	10	9	137	125, 80	69	7	0
87	79, 88	44	0	9	138	126, 73	69	17	3
88	80, 81	44	11	0	139	127, 64	70	7	3
89	81, 72	45	1	0	140	128, 57	70	17	6
90	82, 65	45	11	3	141	129, 47	71	7	6
91	83, 55	46	1	3	142	130, 40	71	17	9
92	84, 48	46	11	6	143	131, 31	72	7	9
93	85, 39	47	1	6	144	132, 24	72	18	0
94	86, 32	47	11	9	145	133, 15	73	8	0
95	87, 23	48	1	9	146	134, 8	73	18	3
96	88, 16	48	12	0	147	134, 98	74	8	3
97	89, 7	49	2	0	148	135, 91	74	18	6
98	90, 0	49	12	3	149	136, 82	75	8	6
99	90, 90	50	2	3	150	137, 75	75	18	9
100	91, 83	50	12	6					

Nombre	francs ct.	courant. flor. s. den guld. s. den	Nombre	francs ct.	courant. flor. s. den guld. s. den
50	46 , 48	25 . 12 . 6	101	93 . 90	51 . 15 . 3
51	47 , 41	26 . 2 . 9	102	94 . 83	52 . 5 . 6
52	48 , 34	26 . 13 . 0	103	95 . 75	52 . 15 . 9
53	49 , 27	27 . 3 . 3	104	96 . 68	53 . 6 . 0
54	50 , 20	27 . 13 . 6	105	97 . 61	53 . 16 . 3
55	51 , 13	28 . 3 . 9	106	98 . 54	54 . 6 . 6
56	52 , 6	28 . 14 . 0	107	99 . 47	54 . 16 . 9
57	52 , 99	29 . 4 . 3	108	100 . 40	55 . 7 . 0
58	53 , 92	29 . 14 . 6	109	101 . 33	55 . 17 . 3
59	54 , 85	30 . 4 . 9	110	102 . 26	56 . 7 . 6
60	55 , 78	30 . 15 . 0	111	103 . 19	56 . 17 . 9
61	56 , 71	31 . 5 . 3	112	104 . 12	57 . 8 . 0
62	57 , 64	31 . 15 . 6	113	105 . 5	57 . 18 . 3
63	58 , 57	32 . 5 . 9	114	105 . 98	58 . 8 . 6
64	59 , 50	32 . 16 . 0	115	106 . 91	58 . 18 . 9
65	60 , 43	33 . 6 . 3	116	107 . 84	59 . 9 . 0
66	61 , 36	33 . 16 . 6	117	108 . 77	59 . 19 . 3
67	62 , 29	34 . 6 . 9	118	109 . 70	60 . 9 . 6
68	63 , 22	34 . 17 . 0	119	110 . 63	60 . 19 . 9
69	64 , 14	35 . 7 . 3	120	111 . 56	61 . 10 . 0
70	65 , 7	35 . 17 . 6	121	112 . 49	62 . 0 . 3
71	66 , 0	36 . 7 . 9	122	113 . 42	62 . 10 . 6
72	66 , 93	36 . 18 . 0	123	114 . 35	63 . 0 . 9
73	67 , 86	37 . 8 . 3	124	115 . 28	63 . 11 . 0
74	68 , 79	37 . 18 . 6	125	116 . 21	64 . 1 . 3
75	69 , 72	38 . 8 . 9	126	117 . 14	64 . 11 . 6
76	70 , 65	38 . 19 . 0	127	118 . 7	65 . 1 . 9
77	71 , 58	39 . 9 . 3	128	119 . 0	65 . 12 . 0
78	72 , 51	39 . 19 . 6	129	119 . 93	66 . 2 . 3
79	73 , 44	40 . 9 . 9	130	120 . 86	66 . 12 . 6
80	74 , 37	41 . 0 . 0	131	121 . 79	67 . 2 . 9
81	75 , 30	41 . 10 . 3	132	122 . 72	67 . 13 . 0
82	76 , 23	42 . 0 . 6	133	123 . 65	68 . 3 . 3
83	77 , 16	42 . 10 . 9	134	124 . 58	68 . 13 . 6
84	78 , 9	43 . 1 . 0	135	125 . 51	69 . 3 . 9
85	79 , 2	43 . 11 . 3	136	126 . 43	69 . 14 . 0
86	79 , 95	44 . 1 . 6	137	127 . 36	70 . 4 . 3
87	80 , 88	44 . 11 . 9	138	128 . 29	70 . 14 . 6
88	81 , 81	45 . 2 . 0	139	129 . 22	71 . 4 . 9
89	82 , 74	45 . 12 . 3	140	130 . 15	71 . 15 . 0
90	83 . 67	46 . 2 . 6	141	131 . 8	72 . 5 . 3
91	84 , 60	46 . 12 . 9	142	132 . 1	72 . 15 . 6
92	85 , 53	47 . 3 . 0	143	132 . 94	73 . 5 . 9
93	86 . 46	47 . 13 . 3	144	133 . 87	73 . 16 . 0
94	87 , 39	48 . 3 . 6	145	134 . 80	74 . 6 . 3
95	88 , 32	48 . 13 . 9	146	135 . 73	74 . 16 . 6
96	89 , 25	49 . 4 . 0	147	136 . 66	75 . 6 . 9
97	90 , 18	49 . 14 . 3	148	137 . 59	75 . 17 . 0
98	91 , 11	50 . 4 . 6	149	138 . 52	76 . 7 . 3
99	92 . 4	50 . 14 . 9	150	139 . 45	76 . 17 . 6
100	92 . 97	51 . 5 . 0			

Nombre	francs ct.	courant flor. s. den / guld. s. den	Nombre	francs ct.	courant flor. s. den / guld. s. den
50	47, 5	25, 18, 9	101	95, 3	52, 7, 9
51	47, 98	26, 9, 0	102	95, 98	52, 18, 3
52	48, 93	26, 19, 6	103	96, 91	53, 8, 6
53	49, 86	27, 9, 9	104	97, 86	53, 19, 0
54	50, 81	28, 0, 3	105	98, 79	54, 9, 3
55	51, 74	28, 10, 6	106	99, 75	54, 19, 9
56	52, 69	29, 1, 0	107	100, 68	55, 10, 0
57	53, 62	29, 11, 3	108	101, 63	56, 0, 6
58	54, 58	30, 1, 9	109	102, 56	56, 10, 9
59	55, 51	30, 12, 0	110	103, 51	57, 1, 3
60	56, 46	31, 2, 6	111	104, 44	57, 11, 6
61	57, 39	31, 12, 9	112	105, 39	58, 2, 0
62	58, 34	32, 3, 3	113	106, 32	58, 12, 3
63	59, 27	32, 13, 6	114	107, 27	59, 2, 9
64	60, 22	33, 4, 0	115	108, 20	59, 13, 0
65	61, 15	33, 14, 3	116	109, 16	60, 3, 6
66	62, 10	34, 4, 9	117	110, 9	60, 13, 9
67	63, 3	34, 15, 0	118	111, 4	61, 4, 3
68	63, 99	35, 5, 6	119	111, 97	61, 14, 6
69	64, 92	35, 15, 9	120	112, 92	62, 5, 0
70	65, 87	36, 6, 3	121	113, 85	62, 15, 3
71	66, 80	36, 16, 6	122	114, 80	63, 5, 9
72	67, 75	37, 7, 0	123	115, 73	63, 16, 0
73	68, 68	37, 17, 3	124	116, 68	64, 6, 6
74	69, 63	38, 7, 9	125	117, 61	64, 16, 9
75	70, 56	38, 18, 0	126	118, 57	65, 7, 3
76	71, 51	39, 8, 6	127	119, 50	65, 17, 6
77	72, 44	39, 18, 9	128	120, 45	66, 8, 0
78	73, 40	40, 9, 3	129	121, 38	66, 18, 3
79	74, 33	40, 19, 6	130	122, 33	67, 8, 9
80	75, 28	41, 10, 0	131	123, 26	67, 19, 0
81	76, 21	42, 0, 3	132	124, 21	68, 9, 6
82	77, 16	42, 10, 9	133	125, 14	68, 19, 9
83	78, 9	43, 1, 0	134	126, 9	69, 10, 3
84	79, 4	43, 11, 6	135	127, 2	70, 0, 6
85	79, 97	44, 1, 9	136	127, 98	70, 11, 0
86	80, 93	44, 12, 3	137	128, 91	71, 1, 3
87	81, 85	45, 2, 6	138	129, 86	71, 11, 9
88	82, 81	45, 13, 0	139	130, 79	72, 2, 0
89	83, 74	46, 3, 3	140	131, 74	72, 12, 6
90	84, 69	46, 13, 9	141	132, 67	73, 2, 9
91	85, 62	47, 4, 0	142	133, 62	73, 13, 3
92	86, 57	47, 14, 6	143	134, 55	74, 3, 6
93	87, 50	48, 4, 9	144	135, 51	74, 14, 0
94	88, 45	48, 15, 3	145	136, 44	75, 4, 3
95	89, 38	49, 5, 6	146	137, 39	75, 14, 9
96	90, 34	49, 16, 0	147	138, 32	76, 5, 0
97	91, 27	50, 6, 3	148	139, 27	76, 15, 6
98	92, 22	50, 16, 9	149	140, 20	77, 5, 9
99	93, 15	51, 7, 0	150	141, 15	77, 16, 3
100	94, 10	51, 17, 6			

Nombre	francs ct.	courant. flor. s. den / guld. s. den			Nombre	francs ct.	courant. flor. s. den / guld. s. den		
50	47 , 61	26 , 5 , 0			101	96 , 19	53 , 0 , 6		
51	48 , 57	26 , 15 , 6			102	97 , 14	53 , 11 , 0		
52	49 , 52	27 , 6 , 0			103	98 , 9	54 , 1 , 6		
53	50 , 47	27 , 16 , 6			104	99 , 4	54 , 12 , 0		
54	51 , 42	28 , 7 , 0			105	100 , 0	55 , 2 , 6		
55	52 , 38	28 , 17 , 6			106	100 , 95	55 , 13 , 0		
56	53 , 33	29 , 8 , 0			107	101 , 90	56 , 3 , 6		
57	54 , 28	29 , 18 , 6			108	102 , 85	56 , 14 , 0		
58	55 , 23	30 , 9 , 0			109	103 , 80	57 , 4 , 6		
59	56 , 19	30 , 19 , 6			110	104 , 76	57 , 15 , 0		
60	57 , 14	31 , 10 , 0			111	105 , 71	58 , 5 , 6		
61	58 , 9	32 , 0 , 6			112	106 , 66	58 , 16 , 0		
62	59 , 4	32 , 11 , 0			113	107 , 61	59 , 6 , 6		
63	60 , 0	33 , 1 , 6			114	108 , 57	59 , 17 , 0		
64	60 , 95	33 , 12 , 0			115	109 , 52	60 , 7 , 6		
65	61 , 90	34 , 2 , 6			116	110 , 47	60 , 18 , 0		
66	62 , 85	34 , 13 , 0			117	111 , 42	61 , 8 , 6		
67	63 , 80	35 , 3 , 6			118	112 , 38	61 , 19 , 0		
68	64 , 76	35 , 14 , 0			119	113 , 33	62 , 9 , 6		
69	65 , 71	36 , 4 , 6			120	114 , 28	63 , 0 , 0		
70	66 , 66	36 , 15 , 0			121	115 , 23	63 , 10 , 6		
71	67 , 61	37 , 5 , 6			122	116 , 19	64 , 1 , 0		
72	68 , 57	37 , 16 , 0			123	117 , 14	64 , 11 , 6		
73	69 , 52	38 , 6 , 6			124	118 , 9	65 , 2 , 0		
74	70 , 47	38 , 17 , 0			125	119 , 4	65 , 12 , 6		
75	71 , 42	39 , 7 , 6			126	120 , 0	66 , 3 , 0		
76	72 , 38	39 , 18 , 0			127	120 , 95	66 , 13 , 6		
77	73 , 33	40 , 8 , 6			128	121 , 90	67 , 4 , 0		
78	74 , 28	40 , 19 , 0			129	122 , 85	67 , 14 , 6		
79	75 , 23	41 , 9 , 6			130	123 , 80	68 , 5 , 0		
80	76 , 19	42 , 0 , 0			131	124 , 76	68 , 15 , 6		
81	77 , 14	42 , 10 , 6			132	125 , 71	69 , 6 , 0		
82	78 , 9	43 , 1 , 0			133	126 , 66	69 , 16 , 6		
83	79 , 4	43 , 11 , 6			134	127 , 61	70 , 7 , 0		
84	80 , 0	44 , 2 , 0			135	128 , 57	70 , 17 , 6		
85	80 , 95	44 , 12 , 6			136	129 , 52	71 , 8 , 0		
86	81 , 90	45 , 3 , 0			137	130 , 47	71 , 18 , 6		
87	82 , 85	45 , 13 , 6			138	131 , 42	72 , 9 , 0		
88	83 , 80	46 , 4 , 0			139	132 , 38	72 , 19 , 6		
89	84 , 76	46 , 14 , 6			140	133 , 33	73 , 10 , 0		
90	85 , 71	47 , 5 , 0			141	134 , 28	74 , 0 , 6		
91	86 , 66	47 , 15 , 6			142	135 , 23	74 , 11 , 0		
92	87 , 61	48 , 6 , 0			143	136 , 19	75 , 1 , 6		
93	88 , 57	48 , 16 , 6			144	137 , 14	75 , 12 , 0		
94	89 , 52	49 , 7 , 0			145	138 , 9	76 , 2 , 6		
95	90 , 47	49 , 17 , 6			146	139 , 4	76 , 13 , 0		
96	91 , 42	50 , 8 , 0			147	140 , 0	77 , 3 , 6		
97	92 , 38	50 , 18 , 6			148	140 , 95	77 , 14 , 0		
98	93 , 33	51 , 9 , 0			149	141 , 90	78 , 4 , 6		
99	94 , 28	51 , 19 , 6			150	142 , 85	78 , 15 , 0		
100	95 , 23	52 , 10 , 0							

H

Nombre	francs ct.	courant. flor. s. den / guld. s. den
50	48 , 18	26 , 11 , 3
51	49 , 13	27 , 1 , 9
52	50 , 11	27 , 12 , 6
53	51 , 6	28 , 3 , 0
54	52 , 4	28 , 13 , 9
55	52 , 99	29 , 4 , 3
56	53 , 96	29 , 15 , 0
57	54 , 92	30 , 5 , 6
58	55 , 89	30 , 16 , 3
59	56 , 84	31 , 6 , 9
60	57 , 82	31 , 17 , 6
61	58 , 77	32 , 8 , 0
62	59 , 75	32 , 18 , 9
63	60 , 70	33 , 9 , 3
64	61 , 67	34 , 0 , 0
65	62 , 63	34 , 10 , 6
66	63 , 60	35 , 1 , 3
67	64 , 55	35 , 11 , 9
68	65 , 53	36 , 2 , 6
69	66 , 48	36 , 13 , 0
70	67 , 46	37 , 3 , 9
71	68 , 41	37 , 14 , 3
72	69 , 38	38 , 5 , 0
73	70 , 34	38 , 15 , 6
74	71 , 31	39 , 6 , 3
75	72 , 26	39 , 16 , 9
76	73 , 24	40 , 7 , 6
77	74 , 19	40 , 18 , 0
78	75 , 16	41 , 8 , 9
79	76 , 12	41 , 19 , 3
80	77 , 9	42 , 10 , 0
81	78 , 4	43 , 0 , 6
82	79 , 2	43 , 11 , 3
83	79 , 97	44 , 1 , 9
84	80 , 95	44 , 12 , 6
85	81 , 90	45 , 3 , 0
86	82 , 87	45 , 13 , 9
87	83 , 83	46 , 4 , 3
88	84 , 80	46 , 15 , 0
89	85 , 75	47 , 5 , 6
90	86 , 73	47 , 16 , 3
91	87 , 68	48 , 6 , 9
92	88 , 66	48 , 17 , 6
93	89 , 61	49 , 8 , 0
94	90 , 58	49 , 18 , 9
95	91 , 54	50 , 9 , 3
96	92 , 51	51 , 0 , 0
97	93 , 46	51 , 10 , 6
98	94 , 44	52 , 1 , 3
99	95 , 39	52 , 11 , 9
100	96 , 37	53 , 2 , 6

Nombre	francs ct.	courant. flor. s. den / guld. s. den
101	97 , 32	53 , 13 , 0
102	98 , 29	54 , 3 , 9
103	99 , 25	54 , 14 , 3
104	100 , 22	55 , 5 , 0
105	101 , 17	55 , 15 , 6
106	102 , 15	56 , 6 , 3
107	103 , 10	56 , 16 , 9
108	104 , 8	57 , 7 , 6
109	105 , 3	57 , 18 , 0
110	106 , 0	58 , 8 , 9
111	106 , 96	58 , 19 , 3
112	107 , 93	59 , 10 , 0
113	108 , 88	60 , 0 , 6
114	109 , 86	60 , 11 , 3
115	110 , 81	61 , 1 , 9
116	111 , 79	61 , 12 , 6
117	112 , 74	62 , 3 , 0
118	113 , 71	62 , 13 , 9
119	114 , 67	63 , 4 , 3
120	115 , 64	63 , 15 , 0
121	116 , 59	64 , 5 , 6
122	117 , 57	64 , 16 , 3
123	118 , 52	65 , 6 , 9
124	119 , 50	65 , 17 , 6
125	120 , 45	66 , 8 , 0
126	121 , 42	66 , 18 , 9
127	122 , 38	67 , 9 , 3
128	123 , 35	68 , 0 , 0
129	124 , 30	68 , 10 , 6
130	125 , 28	69 , 1 , 3
131	126 , 23	69 , 11 , 9
132	127 , 21	70 , 2 , 6
133	128 , 16	70 , 13 , 0
134	129 , 13	71 , 3 , 9
135	130 , 9	71 , 14 , 3
136	131 , 6	72 , 5 , 0
137	132 , 1	72 , 15 , 6
138	132 , 99	73 , 6 , 3
139	133 , 94	73 , 16 , 9
140	134 , 92	74 , 7 , 6
141	135 , 87	74 , 18 , 0
142	136 , 84	75 , 8 , 9
143	137 , 80	75 , 19 , 3
144	138 , 77	76 , 10 , 0
145	139 , 72	77 , 0 , 6
146	140 , 70	77 , 11 , 3
147	141 , 65	78 , 1 , 9
148	142 , 63	78 , 12 , 6
149	143 , 58	79 , 3 , 0
150	144 , 55	79 , 13 , 9

Nombre	francs ct.	courant. guld. s. den	Nombre	francs ct.	courant. guld. s. den
50	48 , 75	26 , 17 , 6	101	98 , 48	54 , 5 , 9
51	49 , 72	27 , 8 , 3	102	99 , 45	54 , 16 , 6
52	50 , 70	27 , 19 , 0	103	100 , 43	55 , 7 , 3
53	51 , 67	28 , 9 , 9	104	101 , 40	55 , 18 , 0
54	52 , 65	29 , 0 , 6	105	102 , 38	56 , 8 , 9
55	53 , 62	29 , 11 , 3	106	103 , 35	56 , 19 , 6
56	54 , 60	30 , 2 , 0	107	104 , 33	57 , 10 , 3
57	55 , 57	30 , 12 , 9	108	105 , 30	58 , 1 , 0
58	56 , 55	31 , 3 , 6	109	106 , 28	58 , 11 , 9
59	57 , 52	31 , 14 , 3	110	107 , 25	59 , 2 , 6
60	58 , 50	32 , 5 , 0	111	108 , 23	59 , 13 , 3
61	59 , 47	32 , 15 , 9	112	109 , 20	60 , 4 , 0
62	60 , 45	33 , 6 , 6	113	110 , 18	60 , 14 , 9
63	61 , 42	33 , 17 , 3	114	111 , 15	61 , 5 , 6
64	62 , 40	34 , 8 , 0	115	112 , 13	61 , 16 , 3
65	63 , 37	34 , 18 , 9	116	113 , 10	62 , 7 , 0
66	64 , 35	35 , 9 , 6	117	114 , 8	62 , 17 , 9
67	65 , 32	36 , 0 , 3	118	115 , 5	63 , 8 , 6
68	66 , 30	36 , 11 , 0	119	116 , 3	63 , 19 , 3
69	67 , 27	37 , 1 , 9	120	117 , 0	64 , 10 , 0
70	68 , 25	37 , 12 , 6	121	117 , 98	65 , 0 , 9
71	69 , 22	38 , 3 , 3	122	118 , 95	65 , 11 , 6
72	70 , 20	38 , 14 , 0	123	119 , 93	66 , 2 , 3
73	71 , 17	39 , 4 , 9	124	120 , 90	66 , 13 , 0
74	72 , 15	39 , 15 , 6	125	121 , 88	67 , 3 , 9
75	73 , 12	40 , 6 , 3	126	122 , 85	67 , 14 , 6
76	74 , 10	40 , 17 , 0	127	123 , 83	68 , 5 , 3
77	75 , 7	41 , 7 , 9	128	124 , 80	68 , 16 , 0
78	76 , 5	41 , 18 , 6	129	125 , 78	69 , 6 , 9
79	77 , 2	42 , 9 , 3	130	126 , 75	69 , 17 , 6
80	78 , 0	43 , 0 , 0	131	127 , 73	70 , 8 , 3
81	78 , 97	43 , 10 , 9	132	128 , 70	70 , 19 , 0
82	79 , 95	44 , 1 , 6	133	129 , 68	71 , 9 , 9
83	80 , 92	44 , 12 , 3	134	130 , 65	72 , 0 , 6
84	81 , 90	45 , 3 , 0	135	131 , 63	72 , 11 , 3
85	82 , 87	45 , 13 , 9	136	132 , 60	73 , 2 , 0
86	83 , 85	46 , 4 , 6	137	133 , 58	73 , 12 , 9
87	84 , 82	46 , 15 , 3	138	134 , 55	74 , 3 , 6
88	85 , 80	47 , 6 , 0	139	135 , 53	74 , 14 , 3
89	86 , 77	47 , 16 , 9	140	136 , 50	75 , 5 , 0
90	87 , 75	48 , 7 , 6	141	137 , 48	75 , 15 , 9
91	88 , 72	48 , 18 , 3	142	138 , 45	76 , 6 , 6
92	89 , 70	49 , 9 , 0	143	139 , 43	76 , 17 , 3
93	90 , 68	49 , 19 , 9	144	140 , 40	77 , 8 , 0
94	91 , 65	50 , 10 , 6	145	141 , 38	77 , 18 , 9
95	92 , 63	51 , 1 , 3	146	142 , 35	78 , 9 , 6
96	93 , 60	51 , 12 , 0	147	143 , 33	79 , 0 , 3
97	94 , 58	52 , 2 , 9	148	144 , 30	79 , 11 , 0
98	95 , 55	52 , 13 , 6	149	145 , 28	80 , 1 , 9
99	96 , 53	53 , 4 , 3	150	146 , 25	80 , 12 , 6
100	97 , 50	53 , 15 , 0			

Nombre	francs ct.	courant. flor. s. den / guld. s. den		Nombre	francs ct.	courant. flor. s. den / guld. s. den
50	49 , 31	27 , 3 , 9		101	99 , 61	54 , 18 , 3
51	50 , 29	27 , 14 , 6		102	100 , 61	55 , 9 , 3
52	51 , 29	28 , 5 , 6		103	101 , 58	56 , 0 , 0
53	52 , 26	28 , 16 , 3		104	102 , 58	56 , 11 , 0
54	53 , 26	29 , 7 , 3		105	103 , 56	57 , 1 , 9
55	54 , 24	29 , 18 , 0		106	104 , 55	57 , 12 , 9
56	55 , 23	30 , 9 , 0		107	105 , 53	58 , 3 , 6
57	56 , 21	30 , 19 , 9		108	106 , 53	58 , 14 , 6
58	57 , 21	31 , 10 , 9		109	107 , 50	59 , 5 , 3
59	58 , 18	32 , 1 , 6		110	108 , 50	59 , 16 , 3
60	59 , 18	32 , 12 , 6		111	109 , 47	60 , 7 , 0
61	60 , 15	33 , 3 , 3		112	110 , 47	60 , 18 , 0
62	61 , 15	33 , 14 , 3		113	111 , 45	61 , 8 , 9
63	62 , 13	34 , 5 , 0		114	112 , 44	61 , 19 , 9
64	63 , 12	34 , 16 , 0		115	113 , 42	62 , 10 , 6
65	64 , 10	35 , 6 , 9		116	114 , 42	63 , 1 , 6
66	65 , 10	35 , 17 , 9		117	115 , 39	63 , 12 , 3
67	66 , 7	36 , 8 , 6		118	116 , 39	64 , 3 , 3
68	67 , 7	36 , 19 , 6		119	117 , 36	64 , 14 , 0
69	68 , 4	37 , 10 , 3		120	118 , 36	65 , 5 , 0
70	69 , 4	38 , 1 , 3		121	119 , 34	65 , 15 , 9
71	70 , 2	38 , 12 , 0		122	120 , 34	66 , 6 , 9
72	71 , 2	39 , 3 , 0		123	121 , 31	66 , 17 , 6
73	71 , 99	39 , 13 , 9		124	122 , 31	67 , 8 , 6
74	72 , 99	40 , 4 , 9		125	123 , 28	67 , 19 , 3
75	73 , 96	40 , 15 , 6		126	124 , 28	68 , 10 , 3
76	74 , 96	41 , 6 , 6		127	125 , 26	69 , 1 , 0
77	75 , 94	41 , 17 , 3		128	126 , 25	69 , 12 , 0
78	76 , 93	42 , 8 , 3		129	127 , 23	70 , 2 , 9
79	77 , 91	42 , 19 , 0		130	128 , 23	70 , 13 , 9
80	78 , 91	43 , 10 , 0		131	129 , 20	71 , 4 , 6
81	79 , 88	44 , 0 , 9		132	130 , 20	71 , 15 , 6
82	80 , 88	44 , 11 , 9		133	131 , 17	72 , 6 , 3
83	81 , 85	45 , 2 , 6		134	132 , 17	72 , 17 , 3
84	82 , 85	45 , 13 , 6		135	133 , 15	73 , 8 , 0
85	83 , 83	46 , 4 , 3		136	134 , 14	73 , 19 , 0
86	84 , 82	46 , 15 , 3		137	135 , 12	74 , 9 , 9
87	85 , 80	47 , 6 , 0		138	136 , 12	75 , 0 , 9
88	86 , 80	47 , 17 , 0		139	137 , 9	75 , 11 , 6
89	87 , 77	48 , 7 , 9		140	138 , 9	76 , 2 , 6
90	88 , 77	48 , 18 , 9		141	139 , 7	76 , 13 , 3
91	89 , 74	49 , 9 , 6		142	140 , 6	77 , 4 , 3
92	90 , 74	50 , 0 , 6		143	141 , 4	77 , 15 , 0
93	91 , 72	50 , 11 , 3		144	142 , 4	78 , 6 , 0
94	92 , 71	51 , 2 , 3		145	143 , 1	78 , 16 , 9
95	93 , 69	51 , 13 , 0		146	144 , 1	79 , 7 , 9
96	94 , 69	52 , 4 , 0		147	144 , 98	79 , 18 , 6
97	95 , 66	52 , 14 , 9		148	145 , 98	80 , 9 , 6
98	96 , 66	53 , 5 , 9		149	146 , 96	81 , 0 , 3
99	97 , 64	53 , 16 , 6		150	147 , 95	81 , 11 , 3
100	98 , 63	54 , 7 , 6				

Nombre	francs ct.	courant flor. guld. s. den.	Nombre	francs ct.	courant flor. guld. s. den.
50	49, 88	27, 10, 0	101	100, 77	55, 11, 0
51	50, 88	28, 1, 0	102	101, 76	56, 2, 0
52	51, 88	28, 12, 0	103	102, 76	56, 13, 0
53	52, 87	29, 3, 0	104	103, 76	57, 4, 0
54	53, 87	29, 14, 0	105	104, 76	57, 15, 0
55	54, 87	30, 5, 0	106	105, 75	58, 6, 0
56	55, 87	30, 16, 0	107	106, 75	58, 17, 0
57	56, 87	31, 7, 0	108	107, 75	59, 8, 0
58	57, 86	31, 18, 0	109	108, 75	59, 19, 0
59	58, 86	32, 9, 0	110	109, 75	60, 10, 0
60	59, 86	33, 0, 0	111	110, 74	61, 1, 0
61	60, 86	33, 11, 0	112	111, 74	61, 12, 0
62	61, 85	34, 2, 0	113	112, 74	62, 3, 0
63	62, 85	34, 13, 0	114	113, 74	62, 14, 0
64	63, 85	35, 4, 0	115	114, 73	63, 5, 0
65	64, 85	35, 15, 0	116	115, 73	63, 16, 0
66	65, 85	36, 6, 0	117	116, 73	64, 7, 0
67	66, 84	36, 17, 0	118	117, 73	64, 18, 0
68	67, 84	37, 8, 0	119	118, 73	65, 9, 0
69	68, 84	37, 19, 0	120	119, 72	66, 0, 0
70	69, 84	38, 10, 0	121	120, 72	66, 11, 0
71	70, 83	39, 1, 0	122	121, 72	67, 2, 0
72	71, 83	39, 12, 0	123	122, 72	67, 13, 0
73	72, 83	40, 3, 0	124	123, 71	68, 4, 0
74	73, 83	40, 14, 0	125	124, 71	68, 15, 0
75	74, 82	41, 5, 0	126	125, 71	69, 6, 0
76	75, 82	41, 16, 0	127	126, 71	69, 17, 0
77	76, 82	42, 7, 0	128	127, 70	70, 8, 0
78	77, 82	42, 18, 0	129	128, 70	70, 19, 0
79	78, 82	43, 9, 0	130	129, 70	71, 10, 0
80	79, 81	44, 0, 0	131	130, 70	72, 1, 0
81	80, 81	44, 11, 0	132	131, 70	72, 12, 0
82	81, 81	45, 2, 0	133	132, 69	73, 3, 0
83	82, 81	45, 13, 0	134	133, 69	73, 14, 0
84	83, 80	46, 4, 0	135	134, 69	74, 5, 0
85	84, 80	46, 15, 0	136	135, 69	74, 16, 0
86	85, 80	47, 6, 0	137	136, 68	75, 7, 0
87	86, 80	47, 17, 0	138	137, 68	75, 18, 0
88	87, 80	48, 8, 0	139	138, 68	76, 9, 0
89	88, 79	48, 19, 0	140	139, 68	77, 0, 0
90	89, 79	49, 10, 0	141	140, 68	77, 11, 0
91	90, 79	50, 1, 0	142	141, 67	78, 2, 0
92	91, 79	50, 12, 0	143	142, 67	78, 13, 0
93	92, 78	51, 3, 0	144	143, 67	79, 4, 0
94	93, 78	51, 14, 0	145	144, 67	79, 15, 0
95	94, 78	52, 5, 0	146	145, 66	80, 6, 0
96	95, 78	52, 16, 0	147	146, 66	80, 17, 0
97	96, 78	53, 7, 0	148	147, 66	81, 8, 0
98	97, 77	53, 18, 0	149	148, 66	81, 19, 0
99	98, 77	54, 9, 0	150	149, 66	82, 10, 0
100	99, 77	55, 0, 0			

Nombre	francs ct.	courant. flor. s. den / guld. s. den	Nombre	francs ct.	courant. flor. s. den / guld. s. den
50	50 , 45	27 , 16 , 3	101	101 , 90	56 , 3 , 6
51	51 , 45	28 , 7 , 3	102	102 , 92	56 , 14 , 9
52	52 , 47	28 , 18 , 6	103	103 , 92	57 , 5 , 9
53	53 , 46	29 , 9 , 6	104	104 , 94	57 , 17 , 0
54	54 , 48	30 , 0 , 9	105	105 , 94	58 , 8 , 0
55	55 , 48	30 , 11 , 9	106	106 , 96	58 , 19 , 3
56	56 , 50	31 , 3 , 0	107	107 , 95	59 , 10 , 3
57	57 , 50	31 , 14 , 0	108	108 , 97	60 , 1 , 6
58	58 , 52	32 , 5 , 3	109	109 , 97	60 , 12 , 6
59	59 , 52	32 , 16 , 3	110	110 , 99	61 , 3 , 9
60	60 , 54	33 , 7 , 6	111	111 , 99	61 , 14 , 9
61	61 , 54	33 , 18 , 6	112	113 , 1	62 , 6 , 0
62	62 , 56	34 , 9 , 9	113	114 , 1	62 , 17 , 0
63	63 , 56	35 , 0 , 9	114	115 , 3	63 , 8 , 3
64	64 , 58	35 , 12 , 0	115	116 , 3	63 , 19 , 3
65	65 , 57	36 , 3 , 0	116	117 , 5	64 , 10 , 6
66	66 , 59	36 , 14 , 3	117	118 , 5	65 , 1 , 6
67	67 , 59	37 , 5 , 3	118	119 , 7	65 , 12 , 9
68	68 , 61	37 , 16 , 6	119	120 , 6	66 , 3 , 9
69	69 . 61	38 , 7 , 6	120	121 , 8	66 , 15 , 0
70	70 , 63	38 , 18 , 9	121	122 , 8	67 , 6 , 0
71	71 , 63	39 , 9 , 9	122	123 , 10	67 , 17 , 3
72	72 , 65	40 , 1 , 0	123	124 , 10	68 , 8 , 3
73	73 , 65	40 , 12 , 0	124	125 , 12	68 , 19 , 6
74	74 , 67	41 , 3 , 3	125	126 , 12	69 , 10 , 6
75	75 , 66	41 , 14 , 3	126	127 , 14	70 , 1 , 9
76	76 , 68	42 , 5 , 6	127	128 , 14	70 , 12 , 9
77	77 , 68	42 , 16 , 6	128	129 , 16	71 , 4 , 0
78	78 , 70	43 , 7 , 9	129	130 , 15	71 , 15 , 0
79	79 , 70	43 , 18 , 9	130	131 , 17	72 , 6 , 3
80	80 , 72	44 , 10 , 0	131	132 , 17	72 , 17 , 3
81	81 , 72	45 , 1 , 0	132	133 , 19	73 , 8 , 6
82	82 , 74	45 , 12 , 3	133	134 , 19	73 , 19 , 6
83	83 , 74	46 , 3 , 3	134	135 , 21	74 , 10 , 9
84	84 , 76	46 , 14 , 6	135	136 , 21	75 , 1 , 9
85	85 , 75	47 , 5 , 6	136	137 , 23	75 , 13 , 0
86	86 , 77	47 , 16 , 9	137	138 , 23	76 , 4 , 0
87	87 , 77	48 , 7 , 9	138	139 , 25	76 , 15 , 3
88	88 , 79	48 , 19 , 0	139	140 , 24	77 , 6 , 3
89	89 , 79	49 , 10 , 0	140	141 , 26	77 , 17 , 6
90	90 , 81	50 , 1 , 3	141	142 , 26	78 , 8 , 6
91	91 , 81	50 , 12 , 3	142	143 , 28	78 , 19 , 9
92	92 , 83	51 , 3 , 6	143	144 , 28	79 , 10 , 9
93	93 , 83	51 , 14 , 6	144	145 , 30	80 , 2 , 0
94	94 , 85	52 , 5 , 9	145	146 , 30	80 , 13 , 0
95	95 , 84	52 , 16 , 9	146	147 , 32	81 , 4 , 3
96	96 , 87	53 , 8 , 0	147	148 , 32	81 , 15 , 3
97	97 , 86	53 , 19 , 0	148	149 , 34	82 , 6 , 6
98	98 , 88	54 , 10 , 3	149	150 , 33	82 , 17 , 6
99	99 , 88	55 , 1 , 3	150	151 , 36	83 , 8 , 9
100	100 , 90	55 , 12 , 6			

Nombre	francs ct	courant flor. s. den (guld. s. den)	Nombre	francs ct	courant flor. s. den (guld. s. den)
50	51,2	28.2.6	101	103.6	56.16.3
51	52,4	28.13.9	102	104.8	57.7.6
52	53,6	29.5.0	103	105.10	57.18.9
53	54,8	29.16.3	104	106.12	58.10.0
54	55,10	30.7.6	105	107.14	59.1.3
55	56,12	30.18.9	106	108.16	59.12.6
56	57,14	31.10.0	107	109.18	60.3.9
57	58,16	32.1.3	108	110.20	60.15.0
58	59,18	32.12.6	109	111.22	61.6.3
59	60,20	33.3.9	110	112.24	61.17.6
60	61,22	33.15.0	111	113.26	62.8.9
61	62,24	34.6.3	112	114.28	63.0.0
62	63,26	34.17.6	113	115.30	63.11.3
63	64,28	35.8.9	114	116.32	64.2.6
64	65,30	36.0.0	115	117.34	64.13.9
65	66,32	36.11.3	116	118.36	65.5.0
66	67,34	37.2.6	117	119.38	65.16.3
67	68,36	37.13.9	118	120.40	66.7.6
68	69,38	38.5.0	119	121.42	66.18.9
69	70,40	38.16.3	120	122.44	67.10.0
70	71,42	39.7.6	121	123.46	68.1.3
71	72,44	39.18.9	122	124.48	68.12.6
72	73,46	40.10.0	123	125.51	69.3.9
73	74,48	41.1.3	124	126.53	69.15.0
74	75,51	41.12.6	125	127.55	70.6.3
75	76,53	42.3.9	126	128.57	70.17.6
76	77,55	42.15.0	127	129.59	71.8.9
77	78,57	43.6.3	128	130.61	72.0.0
78	79,59	43.17.6	129	131.63	72.11.3
79	80,61	44.8.9	130	132.65	73.2.6
80	81,63	45.0.0	131	133.67	73.13.9
81	82,65	45.11.3	132	134.69	74.5.0
82	83,67	46.2.6	133	135.71	74.16.3
83	84,69	46.13.9	134	136.73	75.7.6
84	85,71	47.5.0	135	137.75	75.18.9
85	86,73	47.16.3	136	138.77	76.10.0
86	87,75	48.7.6	137	139.79	77.1.3
87	88,77	48.18.9	138	140.81	77.12.6
88	89,79	49.10.0	139	141.83	78.3.9
89	90,81	50.1.3	140	142.85	78.15.0
90	91.83	50.12.6	141	143.87	79.6.3
91	92,85	51.3.9	142	144.89	79.17.6
92	93,87	51.15.0	143	145.91	80.8.9
93	94.89	52.6.3	144	146.93	81.0.0
94	95,91	52.17.6	145	147.95	81.11.3
95	96,93	53.8.9	146	148.97	82.2.6
96	97,95	54.0.0	147	150.0	82.13.9
97	98,97	54.11.3	148	151.2	83.5.0
98	100,0	55.2.6	149	152.4	83.16.3
99	101.2	55.13.9	150	153.6	84.7.6
100	102.4	56.5.0			

Nombre	francs ct.	courant flor. s. den / guld. s. den	Nombre	francs ct.	courant flor. s. den / guld. s. den
50	51,58	28, 8, 9	101	104,19	57, 8, 9
51	52,60	29, 0, 0	102	165,23	58, 0, 3
52	53,65	29,11, 6	103	106,25	58,11, 6
53	54,67	30, 2, 9	104	107,30	59, 3, 0
54	55,71	30,14, 3	105	108,32	59,14, 3
55	56,73	31, 5, 6	106	109,36	60, 5, 9
56	57,77	31,17, 0	107	110,38	60,17, 0
57	58,79	32, 8, 3	108	111,42	61, 8, 6
58	59,84	32,19, 9	109	112,45	61,19, 9
59	60,86	33,11, 0	110	113,49	62,11, 3
60	61,90	34, 2, 6	111	114,51	63, 2, 6
61	62,92	34,13, 9	112	115,55	63,14, 0
62	63,96	35, 5, 3	113	116,57	64, 5, 3
63	64,98	35,16, 6	114	117,61	64,16, 9
64	66, 3	36, 8, 0	115	118,63	65, 8, 0
65	67, 5	36,19, 3	116	119,68	65,19, 6
66	68, 9	37,10, 9	117	120,70	66,10, 9
67	69,11	38, 2, 0	118	121,74	67, 2, 3
68	70,15	38,13, 6	119	122,76	67,13, 6
69	71,17	39, 4, 9	120	123,80	68, 5, 0
70	72,22	39,16, 3	121	124,83	68,16, 3
71	73,24	40, 7, 6	122	125,87	69, 7, 9
72	74,28	40,19, 0	123	126,89	69,19, 0
73	75,30	41,10, 3	124	127,93	70,10, 6
74	76,34	42, 1, 9	125	128,95	71, 1, 9
75	77,36	42,13, 0	126	129,99	71,13, 3
76	78,41	43, 4, 6	127	131, 2	72, 4, 6
77	79,43	43,15, 9	128	132, 6	72,16, 0
78	80,47	44, 7, 3	129	133, 8	73, 7, 3
79	81,49	44,18, 6	130	134,12	73,18, 9
80	82,53	45,10, 0	131	135,14	74,10, 0
81	83,56	46, 1, 3	132	136,19	75, 1, 6
82	84,60	46,12, 9	133	137,21	75,12, 9
83	85,62	47, 4, 0	134	138,25	76, 4, 3
84	86,66	47,15, 6	135	139,27	76,15, 6
85	87,68	48, 6, 9	136	140,31	77, 7, 0
86	88,73	48,18, 3	137	141,33	77,18, 3
87	89,75	49, 9, 6	138	142,38	78, 9, 9
88	90,79	50, 1, 0	139	143,40	79, 1, 0
89	91,81	50,12, 3	140	144,44	79,12, 6
90	92,85	51, 3, 9	141	145,46	80, 3, 9
91	93,87	51,15, 0	142	146,50	80,15, 3
92	94,92	52, 6, 6	143	147,52	81, 6, 6
93	95,94	52,17, 9	144	148,57	81,18, 0
94	96,98	53, 9, 3	145	149,59	82, 9, 3
95	98, 0	54, 0, 6	146	150,63	83, 0, 9
96	99, 4	54,12, 0	147	151,65	83,12, 0
97	100, 6	55, 3, 3	148	152,69	84, 3, 6
98	101,11	55,14, 9	149	153,71	84,14, 9
99	102,13	56, 6, 0	150	154,76	85, 6, 3
100	103,17	56,17, 6			

Nombre	francs ct.	courant flor. s. den (guld. s. den)	Nombre	francs ct.	courant flor. s. den (guld. s. den)
50	52, 15	28, 15, 0	101	105, 35	58, 1, 6
51	53, 19	29, 6, 6	102	106, 39	58, 13, 0
52	54, 24	29, 18, 0	103	107, 43	59, 4, 6
53	55, 28	30, 9, 6	104	108, 48	59, 16, 0
54	56, 32	31, 1, 0	105	109, 52	60, 7, 6
55	57, 36	31, 12, 6	106	110, 56	60, 19, 0
56	58, 41	32, 4, 0	107	111, 61	61, 10, 6
57	59, 45	32, 15, 6	108	112, 65	62, 2, 0
58	60, 49	33, 7, 0	109	113, 69	62, 13, 6
59	61, 54	33, 18, 6	110	114, 73	63, 5, 0
60	62, 58	34, 10, 0	111	115, 78	63, 16, 6
61	63, 62	35, 1, 6	112	116, 82	64, 8, 0
62	64, 67	35, 13, 0	113	117, 86	64, 19, 6
63	65, 71	36, 4, 6	114	118, 91	65, 11, 0
64	66, 75	36, 16, 0	115	119, 95	66, 2, 6
65	67, 80	37, 7, 6	116	120, 99	66, 14, 0
66	68, 84	37, 19, 0	117	122, 4	67, 5, 6
67	69, 88	38, 10, 6	118	123, 8	67, 17, 0
68	70, 92	39, 2, 0	119	124, 12	68, 8, 6
69	71, 97	39, 13, 6	120	125, 17	69, 0, 0
70	73, 1	40, 5, 0	121	126, 21	69, 11, 6
71	74, 5	40, 16, 6	122	127, 25	70, 3, 0
72	75, 10	41, 8, 0	123	128, 29	70, 14, 6
73	76, 14	41, 19, 6	124	129, 34	71, 6, 0
74	77, 18	42, 11, 0	125	130, 38	71, 17, 6
75	78, 23	43, 2, 6	126	131, 42	72, 9, 0
76	79, 27	43, 14, 0	127	132, 47	73, 0, 6
77	80, 31	44, 5, 6	128	133, 51	73, 12, 0
78	81, 36	44, 17, 0	129	134, 55	74, 3, 6
79	82, 40	45, 8, 6	130	135, 60	74, 15, 0
80	83, 44	46, 0, 0	131	136, 64	75, 6, 6
81	84, 49	46, 11, 6	132	137, 68	75, 18, 0
82	85, 53	47, 3, 0	133	138, 73	76, 9, 6
83	86, 57	47, 14, 6	134	139, 77	77, 1, 0
84	87, 61	48, 6, 0	135	140, 81	77, 12, 6
85	88, 66	48, 17, 6	136	141, 85	78, 4, 0
86	89, 70	49, 9, 0	137	142, 90	78, 15, 6
87	90, 74	50, 0, 6	138	143, 94	79, 7, 0
88	91, 79	50, 12, 0	139	144, 98	79, 18, 6
89	92, 83	51, 3, 6	140	146, 3	80, 10, 0
90	93, 87	51, 15, 0	141	147, 7	81, 1, 6
91	94, 92	52, 6, 6	142	148, 11	81, 13, 0
92	95, 96	52, 18, 0	143	149, 16	82, 4, 6
93	97, 0	53, 9, 6	144	150, 20	82, 16, 0
94	98, 5	54, 1, 0	145	151, 24	83, 7, 6
95	99, 9	54, 12, 6	146	152, 29	83, 19, 0
96	100, 13	55, 4, 0	147	153, 33	84, 10, 6
97	101, 17	55, 15, 6	148	154, 37	85, 2, 0
98	102, 22	56, 7, 0	149	155, 41	85, 13, 6
99	103, 26	56, 18, 6	150	156, 46	86, 5, 0
100	104, 30	57, 10, 0			

Nombre	francs ct.	courant. flor. s. den / guld. s. den			Nombre	francs ct.	courant. flor. s. den / guld. s. den		
50	52, 72	29	1	3	101	106, 48	58	14	0
51	53, 76	29	12	9	102	107, 55	59	5	9
52	54, 82	30	4	6	103	108, 59	59	17	3
53	55, 87	30	16	0	104	109, 65	60	9	0
54	56, 93	31	7	9	105	110, 70	61	0	6
55	57, 98	31	19	3	106	111, 76	61	12	3
56	59, 4	32	11	0	107	112, 81	62	3	9
57	60, 9	33	2	6	108	113, 87	62	15	6
58	61, 15	33	14	3	109	114, 92	63	7	0
59	62, 19	34	5	9	110	115, 98	63	18	9
60	63, 26	34	17	6	111	117, 2	64	10	3
61	64, 30	35	9	0	112	118, 9	65	2	0
62	65, 37	36	0	9	113	119, 13	65	13	6
63	66, 41	36	12	3	114	120, 20	66	5	3
64	67, 48	37	4	0	115	121, 24	66	16	9
65	68, 52	37	15	6	116	122, 31	67	8	6
66	69, 59	38	7	3	117	123, 35	68	0	0
67	70, 63	38	18	9	118	124, 42	68	11	9
68	71, 70	39	10	6	119	125, 46	69	3	3
69	72, 74	40	2	0	120	126, 53	69	15	0
70	73, 80	40	13	9	121	127, 57	70	6	6
71	74, 85	41	5	3	122	128, 63	70	18	3
72	75, 91	41	17	0	123	129, 68	71	9	9
73	76, 96	42	8	6	124	130, 74	72	1	6
74	78, 2	43	0	3	125	131, 79	72	13	0
75	79, 7	43	11	9	126	132, 85	73	4	9
76	80, 13	44	3	6	127	133, 90	73	16	3
77	81, 17	44	15	0	128	134, 96	74	8	0
78	82, 24	45	6	9	129	136, 0	74	19	6
79	83, 28	45	18	3	130	137, 7	75	11	3
80	84, 35	46	10	0	131	138, 11	76	2	9
81	85, 39	47	1	6	132	139, 18	76	14	6
82	86, 46	47	13	3	133	140, 22	77	6	0
83	87, 50	48	4	9	134	141, 29	77	17	9
84	88, 57	48	16	6	135	142, 33	78	9	3
85	89, 61	49	8	0	136	143, 40	79	1	0
86	90, 68	49	19	9	137	144, 44	79	12	6
87	91, 72	50	11	3	138	145, 51	80	4	3
88	92, 78	51	3	0	139	146, 55	80	15	9
89	93, 83	51	14	6	140	147, 61	81	7	6
90	94, 89	52	6	3	141	148, 66	81	19	0
91	95, 94	52	17	9	142	149, 72	82	10	9
92	97, 0	53	9	6	143	150, 77	83	2	3
93	98, 4	54	1	0	144	151, 83	83	14	0
94	99, 11	54	12	9	145	152, 87	84	5	6
95	100, 15	55	4	3	146	153, 94	84	17	3
96	101, 22	55	16	0	147	154, 98	85	8	9
97	102, 26	56	7	6	148	156, 5	86	0	6
98	103, 33	56	19	3	149	157, 9	86	12	0
99	104, 37	57	10	9	150	158, 16	87	3	9
100	105, 44	58	2	6					

Nombre	francs ct.	courant. flor. s. den / guld. s. den			Nombre	francs ct.	courant. flor. s. den / guld. s. den		
50	53, 28	29	7	6	101	107, 64	59	6	9
51	54, 35	29	19	3	102	108, 70	59	18	6
52	55, 41	30	11	0	103	109, 77	60	10	3
53	56, 48	31	2	9	104	110, 83	61	2	0
54	57, 55	31	14	6	105	111, 90	61	13	9
55	58, 61	32	6	3	106	112, 97	62	5	6
56	59, 68	32	18	0	107	114, 3	62	17	3
57	60, 74	33	9	9	108	115, 10	63	9	0
58	61, 81	34	1	6	109	116, 16	64	0	9
59	62, 87	34	13	3	110	117, 23	64	12	6
60	63, 94	35	5	0	111	118, 29	65	4	3
61	65, 1	35	16	9	112	119, 36	65	16	0
62	66, 7	36	8	6	113	120, 43	66	7	9
63	67, 14	37	0	3	114	121, 49	66	19	6
64	68, 20	37	12	0	115	122, 56	67	11	3
65	69, 27	38	3	9	116	123, 62	68	3	0
66	70, 34	38	15	6	117	124, 69	68	14	9
67	71, 40	39	7	3	118	125, 75	69	6	6
68	72, 47	39	19	0	119	126, 82	69	18	3
69	73, 53	40	10	9	120	127, 89	70	10	0
70	74, 60	41	2	6	121	128, 95	71	1	9
71	75, 66	41	14	3	122	130, 2	71	13	6
72	76, 73	42	6	0	123	131, 8	72	5	3
73	77, 80	42	17	9	124	132, 15	72	17	0
74	78, 86	43	9	6	125	133, 21	73	8	9
75	79, 93	44	1	3	126	134, 28	74	0	6
76	80, 99	44	13	0	127	135, 35	74	12	3
77	82, 6	45	4	9	128	136, 41	75	4	0
78	83, 12	45	16	6	129	137, 48	75	15	9
79	84, 19	46	8	3	130	138, 54	76	7	6
80	85, 26	47	0	0	131	139, 61	76	19	3
81	86, 32	47	11	9	132	140, 68	77	11	0
82	87, 39	48	3	6	133	141, 74	78	2	9
83	88, 45	48	15	3	134	142, 81	78	14	6
84	89, 52	49	7	0	135	143, 87	79	6	3
85	90, 59	49	18	9	136	144, 94	79	18	0
86	91, 65	50	10	6	137	146, 0	80	9	9
87	92, 72	51	2	3	138	147, 7	81	1	6
88	93, 78	51	14	0	139	148, 14	81	13	3
89	94, 85	52	5	9	140	149, 20	82	5	0
90	95, 91	52	17	6	141	150, 27	82	16	9
91	96, 98	53	9	3	142	151, 33	83	8	6
92	98, 5	54	1	0	143	152, 40	84	0	3
93	99, 11	54	12	9	144	153, 46	84	12	0
94	100, 18	55	4	6	145	154, 53	85	3	9
95	101, 24	55	16	3	146	155, 60	85	15	6
96	102, 31	56	8	0	147	156, 66	86	7	3
97	103, 37	56	19	9	148	157, 73	86	19	0
98	104, 44	57	11	6	149	158, 79	87	10	9
99	105, 51	58	3	3	150	159, 86	88	2	6
100	106, 57	58	15	0					

Nombre	francs	ct.	guld.	s.	den.
50	53	85	29	13	9
51	54	92	30	5	6
52	56	0	30	17	6
53	57	7	31	9	3
54	58	16	32	1	3
55	59	22	32	13	0
56	60	31	33	5	0
57	61	38	33	16	9
58	62	47	34	8	9
59	63	53	35	0	6
60	64	62	35	12	6
61	65	69	36	4	3
62	66	78	36	16	3
63	67	84	37	8	0
64	68	93	38	0	0
65	70	0	38	11	9
66	71	8	39	3	9
67	72	15	39	15	6
68	73	24	40	7	6
69	74	30	40	19	3
70	75	39	41	11	3
71	76	46	42	3	0
72	77	55	42	15	0
73	78	61	43	6	9
74	79	70	43	18	9
75	80	77	44	10	6
76	81	85	45	2	6
77	82	92	45	14	3
78	84	1	46	6	3
79	85	7	46	18	0
80	86	16	47	10	0
81	87	23	48	1	9
82	88	32	48	13	9
83	89	38	49	5	6
84	90	47	49	17	6
85	91	54	50	9	3
86	92	63	51	1	3
87	93	69	51	13	0
88	94	78	52	5	0
89	95	85	52	16	9
90	96	93	53	8	9
91	98	0	54	0	6
92	99	9	54	12	6
93	100	15	55	4	3
94	101	24	55	16	3
95	102	31	56	8	0
96	103	40	57	0	0
97	104	46	57	11	9
98	105	55	58	3	9
99	106	62	58	15	6
100	107	70	59	7	6

Nombre	francs	ct.	guld.	s.	den.
101	108	[illegible]	[illegible]	[illegible]	[illegible]
102	109	86	[illegible]	[illegible]	[illegible]
103	110	92	[illegible]	[illegible]	[illegible]
104	112	1	[illegible]	[illegible]	[illegible]
105	113	[illegible]	[illegible]	[illegible]	[illegible]
106	114	[illegible]	[illegible]	[illegible]	[illegible]
107	115	[illegible]	[illegible]	[illegible]	[illegible]
108	116	[illegible]	[illegible]	[illegible]	[illegible]
109	117	[illegible]	[illegible]	[illegible]	[illegible]
110	118	[illegible]	[illegible]	[illegible]	[illegible]
111	119	[illegible]	[illegible]	[illegible]	[illegible]
112	120	[illegible]	[illegible]	[illegible]	[illegible]
113	121	[illegible]	[illegible]	[illegible]	[illegible]
114	[illegible]	[illegible]	[illegible]	[illegible]	[illegible]
115	[illegible]	[illegible]	[illegible]	[illegible]	[illegible]
116	[illegible]	[illegible]	[illegible]	[illegible]	[illegible]
117	[illegible]	[illegible]	[illegible]	[illegible]	[illegible]
118	[illegible]	[illegible]	[illegible]	[illegible]	[illegible]
119	[illegible]	[illegible]	[illegible]	[illegible]	[illegible]
120	[illegible]	[illegible]	[illegible]	[illegible]	[illegible]
121	[illegible]	[illegible]	[illegible]	[illegible]	[illegible]
122	[illegible]	[illegible]	[illegible]	[illegible]	[illegible]
123	[illegible]	[illegible]	[illegible]	[illegible]	[illegible]
124	[illegible]	[illegible]	[illegible]	[illegible]	[illegible]
125	[illegible]	[illegible]	[illegible]	[illegible]	[illegible]
126	[illegible]	[illegible]	[illegible]	[illegible]	[illegible]
127	[illegible]	[illegible]	[illegible]	[illegible]	[illegible]
128	[illegible]	[illegible]	[illegible]	[illegible]	[illegible]
129	[illegible]	[illegible]	[illegible]	[illegible]	[illegible]
130	[illegible]	[illegible]	[illegible]	[illegible]	[illegible]
131	[illegible]	[illegible]	[illegible]	[illegible]	[illegible]
132	[illegible]	[illegible]	[illegible]	[illegible]	[illegible]
133	[illegible]	[illegible]	[illegible]	[illegible]	[illegible]
134	[illegible]	[illegible]	[illegible]	[illegible]	[illegible]
135	[illegible]	[illegible]	[illegible]	[illegible]	[illegible]
136	[illegible]	[illegible]	[illegible]	[illegible]	[illegible]
137	147	[illegible]	85	18	[illegible]
138	148	[illegible]	85	[illegible]	[illegible]
139	149	70	85	[illegible]	[illegible]
140	150	79	85	[illegible]	[illegible]
141	151	85	[illegible]	[illegible]	[illegible]
142	152	94	86	[illegible]	[illegible]
143	154	1	86	[illegible]	[illegible]
144	155	10	86	10	[illegible]
145	156	16	86	[illegible]	[illegible]
146	157	25	86	13	6
147	158	32	87	[illegible]	[illegible]
148	159	41	87	17	[illegible]
149	160	47	88	9	3
150	161	56	89	1	3

24, ¼ Gr. | 24 ½ Gr.

Nombre	francs ct.	courant. flor. s. den / guld. s. dén	Nombre	francs ct.	courant. flor. s. den / guld. s. den
50	54 , 98	30 , 6 , 3	50	55 , 55	30 , 12 , 6
51	56 , 7	30 , 18 , 3	51	56 , 66	31 , 4 , 9
52	57 , 18	31 , 10 , 6	52	57 , 77	31 , 17 , 0
53	58 , 27	32 , 2 , 6	53	58 , 88	32 , 9 , 3
54	59 , 38	32 , 14 , 9	54	60 , 0	33 , 1 , 6
55	60 , 47	33 , 6 , 9	55	61 , 11	33 , 13 , 9
56	61 , 58	33 , 19 , 0	56	62 , 22	34 , 6 , 0
57	62 , 67	34 , 11 , 0	57	63 , 33	34 , 18 , 3
58	63 , 78	35 , 3 , 3	58	64 , 44	35 , 10 , 6
59	64 , 87	35 , 15 , 3	59	65 , 55	36 , 2 , 9
60	65 , 98	36 , 7 , 6	60	66 , 66	36 , 15 , 0
61	67 , 7	36 , 19 , 6	61	67 , 77	37 , 7 , 3
62	68 , 18	37 , 11 , 9	62	68 , 88	37 , 19 , 6
63	69 , 27	38 , 3 , 9	63	70 , 0	38 , 11 , 9
64	70 , 38	38 , 16 , 0	64	71 , 11	39 , 4 , 0
65	71 , 47	39 , 8 , 0	65	72 , 22	39 , 16 , 3
66	72 , 58	40 , 0 , 3	66	73 , 33	40 , 8 , 6
67	73 , 67	40 , 12 , 3	67	74 , 44	41 , 0 , 9
68	74 , 78	41 , 4 , 6	68	75 , 55	41 , 13 , 0
69	75 , 87	41 , 16 , 6	69	76 , 66	42 , 5 , 3
70	76 , 98	42 , 8 , 9	70	77 , 77	42 , 17 , 6
71	78 , 7	43 , 0 , 9	71	78 , 88	43 , 9 , 9
72	79 , 18	43 , 13 , 0	72	80 , 0	44 , 2 , 0
73	80 , 27	44 , 5 , 0	73	81 , 11	44 , 14 , 3
74	81 , 38	44 , 17 , 3	74	82 , 22	45 , 6 , 6
75	82 , 47	45 , 9 , 3	75	83 , 33	45 , 18 , 9
76	83 , 58	46 , 1 , 6	76	84 , 44	46 , 11 , 0
77	84 , 67	46 , 13 , 6	77	85 , 55	47 , 3 , 3
78	85 , 78	47 , 5 , 9	78	86 , 66	47 , 15 , 6
79	86 , 87	47 , 17 , 9	79	87 , 77	48 , 7 , 9
80	87 , 98	48 , 10 , 0	80	88 , 88	49 , 0 , 0
81	89 , 7	49 , 2 , 0	81	90 , 0	49 , 12 , 3
82	90 , 18	49 , 14 , 3	82	91 , 11	50 , 4 , 6
83	91 , 27	50 , 6 , 3	83	92 , 22	50 , 16 , 9
84	92 , 38	50 , 18 , 6	84	93 , 33	51 , 9 , 0
85	93 , 46	51 , 10 , 6	85	94 , 44	52 , 1 , 3
86	94 , 58	52 , 2 , 9	86	95 , 55	52 , 13 , 6
87	95 , 66	52 , 14 , 9	87	96 , 66	53 , 5 , 9
88	96 , 78	53 , 7 , 0	88	97 , 77	53 , 18 , 0
89	97 , 86	53 , 19 , 0	89	98 , 88	54 , 10 , 3
90	98 , 97	54 , 11 , 3	90	100 , 0	55 , 2 , 6
91	100 , 6	55 , 3 , 3	91	101 , 11	55 , 14 , 9
92	101 , 17	55 , 15 , 6	92	102 , 22	56 , 7 , 0
93	102 , 26	56 , 7 , 6	93	103 , 33	56 , 19 , 3
94	103 , 37	56 , 19 , 9	94	104 , 44	57 , 11 , 6
95	104 , 46	57 , 11 , 9	95	105 , 55	58 , 3 , 9
96	105 , 57	58 , 4 , 0	96	106 , 66	58 , 16 , 0
97	106 , 66	58 , 16 , 0	97	107 , 77	59 , 8 , 3
98	107 , 77	59 , 8 , 3	98	108 , 88	60 , 0 , 6
99	108 , 86	60 , 0 , 3	99	110 , 0	60 , 12 , 9
100	109 , 97	60 , 12 , 6	100	111 , 11	61 , 5 , 0

Nombre	francs ct.	courant. flor. s. den guld. s. den	Nombre	francs ct.	courant. flor. s. den guld. s. den
50	56 , 12	30 . 18 . 9	50	56 . 68	31 . 5 . 0
51	57 , 23	31 . 11 . 0	51	57 . 82	31 . 17 . 6
52	58 , 36	32 . 3 . 6	52	58 . 95	32 . 10 . 0
53	59 , 47	32 . 15 . 9	53	60 . 9	33 . 2 . 6
54	60 , 61	33 . 8 . 3	54	61 . 22	33 . 15 . 0
55	61 , 72	34 . 0 . 6	55	62 . 35	34 . 7 . 6
56	62 , 85	34 . 13 . 0	56	63 . 49	35 . 0 . 0
57	63 , 96	35 . 5 . 3	57	64 . 62	35 . 12 . 6
58	65 , 10	35 . 17 . 9	58	65 . 75	36 . 5 . 0
59	66 , 21	36 . 10 . 0	59	66 . 89	36 . 17 . 6
60	67 , 34	37 . 2 . 6	60	68 . 2	37 . 10 . 0
61	68 , 45	37 . 14 . 9	61	69 . 16	38 . 2 . 6
62	69 , 59	38 . 7 . 3	62	70 . 29	38 . 15 . 0
63	70 , 70	38 . 19 . 6	63	71 . 42	39 . 7 . 6
64	71 , 83	39 . 12 . 0	64	72 . 56	40 . 0 . 0
65	72 , 94	40 . 4 . 3	65	73 . 69	40 . 12 . 6
66	74 , 8	40 . 16 . 9	66	74 . 83	41 . 5 . 0
67	75 , 19	41 . 9 . 0	67	75 . 96	41 . 17 . 6
68	76 , 32	42 . 1 . 6	68	77 . 9	42 . 10 . 0
69	77 , 43	42 . 13 . 9	69	78 . 23	43 . 2 . 6
70	78 , 57	43 . 6 . 3	70	79 . 36	43 . 15 . 0
71	79 , 68	43 . 18 . 6	71	80 . 49	44 . 7 . 6
72	80 , 81	44 . 11 . 0	72	81 . 63	45 . 0 . 0
73	81 , 92	45 . 3 . 3	73	82 . 76	45 . 12 . 6
74	83 , 6	45 . 15 . 9	74	83 . 90	46 . 5 . 0
75	84 , 17	46 . 8 . 0	75	85 . 3	46 . 17 . 6
76	85 , 30	47 . 0 . 6	76	86 . 16	47 . 10 . 0
77	86 , 41	47 . 12 . 9	77	87 . 30	48 . 2 . 6
78	87 , 55	48 . 5 . 3	78	88 . 43	48 . 15 . 0
79	88 , 66	48 . 17 . 6	79	89 . 56	49 . 7 . 6
80	89 , 79	49 . 10 . 0	80	90 . 70	50 . 0 . 0
81	90 , 90	50 . 2 . 3	81	91 . 83	50 . 12 . 6
82	92 , 4	50 . 14 . 9	82	92 . 97	51 . 5 . 0
83	93 , 15	51 . 7 . 0	83	94 . 10	51 . 17 . 6
84	94 , 28	51 . 19 . 6	84	95 . 23	52 . 10 . 0
85	95 , 39	52 . 11 . 9	85	96 . 37	53 . 2 . 6
86	96 , 53	53 . 4 . 3	86	97 . 50	53 . 15 . 0
87	97 , 64	53 . 16 . 6	87	98 . 63	54 . 7 . 6
88	98 , 77	54 . 9 . 0	88	99 . 77	55 . 0 . 0
89	99 , 88	55 . 1 . 3	89	100 . 90	55 . 12 . 6
90	101 . 2	55 . 13 . 9	90	102 . 4	56 . 5 . 0
91	102 , 13	56 . 6 . 0	91	103 . 17	56 . 17 . 6
92	103 , 26	56 . 18 . 6	92	104 . 30	57 . 10 . 0
93	104 . 37	57 . 10 . 9	93	105 . 44	58 . 2 . 6
94	105 , 51	58 . 3 . 3	94	106 . 57	58 . 15 . 0
95	106 , 62	58 . 15 . 6	95	107 . 70	59 . 7 . 6
96	107 , 75	59 . 8 . 0	96	108 . 84	60 . 0 . 0
97	108 , 86	60 . 0 . 3	97	109 . 97	60 . 12 . 6
98	110 , 0	60 . 12 . 9	98	111 . 11	61 . 5 . 0
99	111 . 11	61 . 5 . 0	99	112 . 24	61 . 17 . 6
100	112 . 24	61 . 17 . 6	100	113 , 37	62 . 10 . 0

Nombre	francs ct.	*courant.* flor. s. den / guld. s. den	Nombre	francs ct.	*courant.* flor. s. den / guld. s. den
50	57, 25	31, 11, 3	50	57, 82	31, 17, 6
51	58, 39	32, 3, 9	51	58, 97	32, 10, 3
52	59, 54	32, 16, 6	52	60, 13	33, 3, 0
53	60, 68	33, 9, 0	53	61, 29	33, 15, 9
54	61, 83	34, 1, 9	54	62, 44	34, 8, 6
55	62, 97	34, 14, 3	55	63, 60	35, 1, 3
56	64, 12	35, 7, 0	56	64, 76	35, 14, 0
57	65, 26	35, 19, 6	57	65, 91	36. 6, 9
58	66, 41	36, 12, 3	58	67, 7	36, 19, 6
59	67, 55	37, 4, 9	59	68, 23	37, 12, 3
60	68, 70	37, 17, 6	60	69, 38	38, 5, 0
61	69, 84	38, 10, 0	61	70, 54	38, 17, 9
62	70, 99	39. 2, 9	62	71, 70	39, 10, 6
63	72, 13	39, 15, 3	63	72, 85	40, 3, 3
64	73, 28	40, 8, 0	64	74, 1	40, 16, 0
65	74, 42	41, 0, 6	65	75, 16	41, 8, 9
66	75, 57	41, 13, 3	66	76, 32	42, 1, 6
67	76, 71	42, 5, 9	67	77, 48	42, 14, 3
68	77, 86	42, 18, 6	68	78, 63	43, 7, 0
69	79, 0	43, 11, 0	69	79, 79	43, 19, 9
70	80, 15	44, 3, 9	70	80, 95	44, 12, 6
71	81, 29	44, 16, 3	71	82, 10	45, 5, 3
72	82, 44	45, 9, 0	72	83, 26	45, 18, 0
73	83, 58	46, 1, 6	73	84, 42	46, 10, 9
74	84, 73	46, 14, 3	74	85, 57	47, 3, 6
75	85, 87	47, 6, 9	75	86, 73	47, 16, 3
76	87, 3	47, 19, 6	76	87, 89	48, 9, 0
77	88, 16	48, 12, 0	77	89, 4	49, 1, 9
78	89, 32	49, 4, 9	78	90, 20	49, 14, 6
79	90, 45	49, 17, 3	79	91, 36	50, 7, 3
80	91, 61	50, 10, 0	80	92, 51	51, 0, 0
81	92, 74	51, 2, 6	81	93, 67	51, 12, 9
82	93, 90	51, 15, 3	82	94, 83	52, 5, 6
83	95, 3	52, 7, 9	83	95, 98	52, 18, 3
84	96, 19	53, 0, 6	84	97, 14	53, 11, 0
85	97, 32	53, 13, 0	85	98, 29	54, 3, 9
86	98, 48	54, 5, 9	86	99, 45	54, 16, 6
87	99, 61	54, 18, 3	87	100, 61	55, 9, 3
88	100, 77	55, 11, 0	88	101, 76	56, 2, 0
89	101, 90	56, 3, 6	89	102, 92	56, 14, 9
90	103, 6	56, 16, 3	90	104, 8	57, 7, 6
91	104, 19	57, 8, 9	91	105, 23	58, 0, 3
92	105, 35	58, 1, 6	92	106, 39	58, 13, 0
93	106, 48	58, 14, 0	93	107, 55	59, 5, 9
94	107, 64	59, 6, 9	94	108, 70	59, 18, 6
95	108, 77	59, 19, 3	95	109, 86	60, 11, 3
96	109, 93	60, 12, 0	96	111, 2	61, 4, 0
97	111, 6	61, 4, 6	97	112, 17	61, 16, 9
98	112, 22	61, 17, 3	98	113, 33	62, 9, 6
99	113, 35	62, 9, 9	99	114, 49	63, 2, 3
100	114, 51	63, 2, 6	100	115, 64	63. 15. 0

Nombre	francs ct.	courant flor s den. / guld s den.	Nombre	francs ct.	courant flor s den. / guld s den.
50	58 , 39	32 , 3, 9	50	58 , 95	32 , 10, 0
51	59 , 54	32 , 16, 6	51	60 , 13	33 , 3, 0
52	60 , 72	33 , 9, 6	52	61 , 31	33 , 16, 0
53	61 , 88	34 , 2, 3	53	62 , 49	34 , 9, 0
54	63 , 6	34 , 15, 3	54	63 , 67	35 , 2, 0
55	64 , 21	35 , 8, 0	55	64 , 85	35 , 15, 0
56	65 , 39	36 , 1, 0	56	66 , 3	36 , 8, 0
57	66 , 55	36 , 13, 9	57	67 , 21	37 , 1, 0
58	67 , 73	37 , 6, 9	58	68 , 38	37 , 14, 0
59	68 , 88	37 , 19, 6	59	69 , 56	38 , 7, 0
60	70 , 6	38 , 12, 6	60	70 , 74	39 , 0, 0
61	71 , 22	39 , 5, 3	61	71 , 92	39 , 13, 0
62	72 , 40	39 , 18, 3	62	73 , 10	40 , 6, 0
63	73 , 56	40 , 11, 0	63	74 , 28	40 , 19, 0
64	74 , 73	41 , 4, 0	64	75 , 46	41 , 12, 0
65	75 , 89	41 , 16, 9	65	76 , 64	42 , 5, 0
66	77 , 7	42 , 9, 9	66	77 , 82	42 , 18, 0
67	78 , 23	43 , 2, 6	67	79 , 0	43 , 11, 0
68	79 , 41	43 , 15, 6	68	80 , 18	44 , 4, 0
69	80 , 56	44 , 8, 3	69	81 , 36	44 , 17, 0
70	81 , 74	45 , 1, 3	70	82 , 53	45 , 10, 0
71	82 , 90	45 , 14, 0	71	83 , 71	46 , 3, 0
72	84 , 8	46 , 7, 0	72	84 , 89	46 , 16, 0
73	85 , 23	46 , 19, 9	73	86 , 7	47 , 9, 0
74	86 , 41	47 , 12, 9	74	87 , 25	48 , 2, 0
75	87 , 57	48 , 5, 6	75	88 , 43	48 , 15, 0
76	88 , 75	48 , 18, 6	76	89 , 61	49 , 8, 0
77	89 , 90	49 , 11, 3	77	90 , 79	50 , 1, 0
78	91 , 8	50 , 4, 3	78	91 , 97	50 , 14, 0
79	92 , 24	50 , 17, 0	79	93 , 15	51 , 7, 0
80	93 , 42	51 , 19, 0	80	94 , 33	52 , 0, 0
81	94 , 58	52 , 2, 9	81	95 , 51	52 , 13, 0
82	95 , 75	52 , 15, 9	82	96 , 68	53 , 6, 0
83	96 , 91	53 , 8, 6	83	97 , 86	53 , 19, 0
84	98 , 9	54 , 1, 6	84	99 , 4	54 , 12, 0
85	99 , 25	54 , 14, 3	85	100 , 22	55 , 5, 0
86	100 , 43	55 , 7, 3	86	101 , 40	55 , 18, 0
87	101 , 58	56 , 0, 0	87	102 , 58	56 , 11, 0
88	102 , 76	56 , 13, 0	88	103 , 76	57 , 4, 0
89	103 , 92	57 , 5, 9	89	104 , 94	57 , 17, 0
90	105 , 10	57 , 18, 9	90	106 , 12	58 , 10, 0
91	106 , 25	58 , 11, 6	91	107 , 30	59 , 3, 0
92	107 , 43	59 , 4, 6	92	108 , 48	59 , 16, 0
93	108 , 59	59 , 17, 3	93	109 , 65	60 , 9, 0
94	109 , 77	60 , 10, 3	94	110 , 83	61 , 2, 0
95	110 , 92	61 , 3, 0	95	112 , 1	61 , 15, 0
96	112 , 10	61 , 16, 0	96	113 , 19	62 , 8, 0
97	113 , 26	62 , 8, 9	97	114 , 37	63 , 1, 0
98	114 , 44	63 , 1, 9	98	115 , 55	63 , 14, 0
99	115 , 60	63 , 14, 6	99	116 , 73	64 , 7, 0
100	116 , 78	64 , 7, 6	100	117 , 91	65 , 0, 0

Nombre	francs ct.	courant flor. s. den. (guld. s. den.)
50	59 , 52	32 . 16 . 3
51	60 , 70	33 . 9 . 3
52	61 , 90	34 . 2 . 6
53	63 , 8	34 . 15 . 6
54	64 , 28	35 . 8 . 9
55	65 , 46	36 . 1 . 9
56	66 , 66	36 . 15 . 0
57	67 , 84	37 . 8 . 0
58	69 , 4	38 . 1 . 3
59	70 , 22	38 . 14 . 3
60	71 , 42	39 . 7 . 6
61	72 , 60	40 . 0 . 6
62	73 , 80	40 . 13 . 9
63	74 , 98	41 . 6 . 9
64	76 , 19	42 . 0 . 0
65	77 , 36	42 . 13 . 0
66	78 , 57	43 . 6 . 3
67	79 , 75	43 . 19 . 3
68	80 , 95	44 . 12 . 6
69	82 , 13	45 . 5 . 6
70	83 , 33	45 . 18 . 9
71	84 , 51	46 . 11 . 9
72	85 , 71	47 . 5 . 0
73	86 , 89	47 . 18 . 0
74	88 , 9	48 . 11 . 3
75	89 , 27	49 . 4 . 3
76	90 , 47	49 . 17 . 6
77	91 , 65	50 . 10 . 6
78	92 , 85	51 . 3 . 9
79	94 , 3	51 . 16 . 9
80	95 , 23	52 . 10 . 0
81	96 , 41	53 . 3 . 0
82	97 , 61	53 . 16 . 3
83	98 , 79	54 . 9 . 3
84	100 , 0	55 . 2 . 6
85	101 , 17	55 . 15 . 6
86	102 , 38	56 . 8 . 9
87	103 , 56	57 . 1 . 9
88	104 , 76	57 . 15 . 0
89	105 , 94	58 . 8 . 0
90	107 , 12	59 . 1 . 3
91	108 , 32	59 . 14 . 3
92	109 , 52	60 . 7 . 6
93	110 , 70	61 . 0 . 6
94	111 , 90	61 . 13 . 9
95	113 , 8	62 . 6 . 9
96	114 , 28	63 . 0 . 0
97	115 , 46	63 . 13 . 0
98	116 , 66	64 . 6 . 3
99	117 , 84	64 . 19 . 3
100	119 , 4	65 . 12 . 6

Nombre	francs ct.	courant flor. s. den. (guld. s. den.)
50	60 . 9	33 . 2 . 6
51	61 . 29	33 . 15 . 9
52	62 . 49	34 . 9 . 0
53	63 . 69	35 . 2 . 3
54	64 . 89	35 . 15 . 6
55	66 . 9	36 . 8 . 9
56	67 . 30	37 . 2 . 0
57	68 . 50	37 . 15 . 3
58	69 . 70	38 . 8 . 6
59	70 . 90	39 . 1 . 9
60	72 . 10	39 . 15 . 0
61	73 . 31	40 . 8 . 3
62	74 . 51	41 . 1 . 6
63	75 . 71	41 . 14 . 9
64	76 . 91	42 . 8 . 0
65	78 . 11	43 . 1 . 3
66	79 . 31	43 . 14 . 6
67	80 . 52	44 . 7 . 9
68	81 . 72	45 . 1 . 0
69	82 . 92	45 . 14 . 3
70	84 . 12	46 . 7 . 6
71	85 . 32	47 . 0 . 9
72	86 . 53	47 . 14 . 0
73	87 . 73	48 . 7 . 3
74	88 . 93	49 . 0 . 6
75	90 . 13	49 . 13 . 9
76	91 . 33	50 . 7 . 0
77	92 . 53	51 . 0 . 3
78	93 . 74	51 . 13 . 6
79	94 . 94	52 . 6 . 9
80	96 . 14	53 . 0 . 0
81	97 . 34	53 . 13 . 3
82	98 . 54	54 . 6 . 6
83	99 . 75	54 . 19 . 9
84	100 . 95	55 . 13 . 0
85	102 . 15	56 . 6 . 3
86	103 . 35	56 . 19 . 6
87	104 . 55	57 . 12 . 9
88	105 . 75	58 . 6 . 0
89	106 . 96	58 . 19 . 3
90	108 . 16	59 . 12 . 6
91	109 . 36	60 . 5 . 9
92	110 . 56	60 . 19 . 0
93	111 . 76	61 . 12 . 3
94	112 . 96	62 . 5 . 6
95	114 . 17	62 . 18 . 9
96	115 . 37	63 . 12 . 0
97	116 . 57	64 . 5 . 3
98	117 . 77	64 . 18 . 6
99	118 . 97	65 . 11 . 9
100	120 , 18	66 . 5 . 0

Nombre	francs ct.	courant. flor. s. den / guld. s. den	Nombre	francs ct.	courant. flor. s. den / guld. s. den
50	60, 65	33, 8, 9	50	61, 22	33, 15, 0
51	61, 85	34, 2, 0	51	62, 44	34, 8, 6
52	63, 8	34, 15, 6	52	63, 67	35, 2, 0
53	64, 28	35, 8, 9	53	64, 89	35, 15, 6
54	65, 51	36, 2, 3	54	66, 12	36, 9, 0
55	66, 71	36, 15, 6	55	67, 34	37, 2, 6
56	67, 93	37, 9, 0	56	68, 57	37, 16, 0
57	69, 13	38, 2, 3	57	69, 79	38, 9, 6
58	70, 36	38, 15, 9	58	71, 2	39, 3, 0
59	71, 56	39, 9, 0	59	72, 24	39, 16, 6
60	72, 78	40, 2, 6	60	73, 46	40, 10, 0
61	73, 99	40, 15, 9	61	74, 69	41, 3, 6
62	75, 21	41, 9, 3	62	75, 91	41, 17, 0
63	76, 41	42, 2, 6	63	77, 14	42, 10, 6
64	77, 64	42, 16, 0	64	78, 36	43, 4, 0
65	78, 84	43, 9, 3	65	79, 59	43, 17, 6
66	80, 6	44, 2, 9	66	80, 81	44, 11, 0
67	81, 27	44, 16, 0	67	82, 4	45, 4, 6
68	82, 49	45, 9, 6	68	83, 26	45, 18, 0
69	83, 69	46, 2, 9	69	84, 49	46, 11, 6
70	84, 92	46, 16, 3	70	85, 71	47, 5, 0
71	86, 12	47, 9, 6	71	86, 93	47, 18, 6
72	87, 34	48, 3, 0	72	88, 16	48, 12, 0
73	88, 54	48, 16, 3	73	89, 38	49, 5, 6
74	89, 77	49, 9, 9	74	90, 61	49, 19, 0
75	90, 97	50, 3, 0	75	91, 83	50, 12, 6
76	92, 20	50, 16, 6	76	93, 6	51, 6, 0
77	93, 40	51, 9, 9	77	94, 28	51, 19, 6
78	94, 62	52, 3, 3	78	95, 51	52, 13, 0
79	95, 82	52, 16, 6	79	96, 73	53, 6, 6
80	97, 5	53, 10, 0	80	97, 95	54, 0, 0
81	98, 25	54, 3, 3	81	99, 18	54, 13, 6
82	99, 47	54, 16, 9	82	100, 40	55, 7, 0
83	100, 68	55, 10, 0	83	101, 63	56, 0, 6
84	101, 90	56, 3, 6	84	102, 85	56, 14, 0
85	103, 10	56, 16, 9	85	104, 8	57, 7, 6
86	104, 33	57, 10, 3	86	105, 30	58, 1, 0
87	105, 53	58, 3, 6	87	106, 53	58, 14, 6
88	106, 75	58, 17, 0	88	107, 75	59, 8, 0
89	107, 95	59, 10, 3	89	108, 97	60, 1, 6
90	109, 18	60, 3, 9	90	110, 20	60, 15, 0
91	110, 38	60, 17, 0	91	111, 42	61, 8, 6
92	111, 61	61, 10, 6	92	112, 65	62, 2, 0
93	112, 81	62, 3, 9	93	113, 87	62, 15, 6
94	114, 3	62, 17, 3	94	115, 10	63, 9, 0
95	115, 23	63, 10, 6	95	116, 32	64, 2, 6
96	116, 46	64, 4, 0	96	117, 55	64, 16, 0
97	117, 66	64, 17, 3	97	118, 77	65, 9, 6
98	118, 88	65, 10, 9	98	120, 0	66, 3, 0
99	120, 9	66, 4, 0	99	121, 22	66, 16, 6
100	121, 31	66, 17, 6	100	122, 44	67, 10, 0

Gr. 27 ¼

Nombre	francs	ct.	guld.	s.	den.
50	61	79	34	1	3
51	63	1	34	14	9
52	64	26	35	8	6
53	65	48	36	2	0
54	66	73	36	15	9
55	67	95	37	9	3
56	69	20	38	3	0
57	70	43	38	16	6
58	71	67	39	10	3
59	72	90	40	3	9
60	74	14	40	17	6
61	75	37	41	11	0
62	76	62	42	4	9
63	77	84	42	18	3
64	79	9	43	12	0
65	80	31	44	5	6
66	81	56	44	19	3
67	82	78	45	12	9
68	84	3	46	6	6
69	85	26	47	0	0
70	86	50	47	13	9
71	87	73	48	7	3
72	88	98	49	1	0
73	90	20	49	14	6
74	91	45	50	8	3
75	92	67	51	1	9
76	93	92	51	15	6
77	95	14	52	9	0
78	96	39	53	2	9
79	97	61	53	16	3
80	98	86	54	10	0
81	100	9	55	3	6
82	101	33	55	17	3
83	102	56	56	10	9
84	103	81	57	4	6
85	105	3	57	18	0
86	106	28	58	11	9
87	107	50	59	5	3
88	108	75	59	19	0
89	109	97	60	12	6
90	111	22	61	6	3
91	112	44	61	19	9
92	113	69	62	13	6
93	114	92	63	7	0
94	116	16	64	0	9
95	117	39	64	14	3
96	118	63	65	8	0
97	119	86	66	1	6
98	121	11	66	15	3
99	122	33	67	8	9
100	123	58	68	2	6

27 ½ Gr.

Nombre	francs	ct.	guld.	s.	den.
50	62	35	34	7	6
51	63	60	35	1	3
52	64	85	35	15	0
53	66	10	36	8	9
54	67	34	37	2	6
55	68	59	37	16	3
56	69	84	38	10	0
57	71	8	39	3	9
58	72	33	39	17	6
59	73	58	40	11	3
60	74	82	41	5	0
61	76	7	41	18	9
62	77	32	42	12	6
63	78	57	43	6	3
64	79	81	44	0	0
65	81	6	44	13	9
66	82	31	45	7	6
67	83	56	46	1	3
68	84	80	46	15	0
69	86	5	47	8	9
70	87	30	48	2	6
71	88	54	48	16	3
72	89	79	49	10	0
73	91	4	50	3	9
74	92	29	50	17	6
75	93	53	51	11	3
76	94	78	52	5	0
77	96	3	52	18	9
78	97	27	53	12	6
79	98	52	54	6	3
80	99	77	55	0	0
81	101	2	55	13	9
82	102	26	56	7	6
83	103	51	57	1	3
84	104	76	57	15	0
85	106	0	58	8	9
86	107	25	59	2	3
87	108	50	59	16	3
88	109	75	60	10	0
89	110	99	61	3	9
90	112	24	61	17	6
91	113	49	62	11	3
92	114	73	63	5	0
93	115	98	63	18	9
94	117	23	64	12	6
95	118	48	65	6	3
96	119	72	66	0	0
97	120	97	66	13	9
98	122	22	67	7	6
99	123	46	68	1	3
100	124	71	68	15	0

Nombre	francs ct.	courant flor. s. den / guld. s. den	Nombre	francs ct.	courant flor. s. den / guld. s. den
50	62 , 92	34 , 13 , 9	50	63 , 49	35 , 0 , 0
51	64 , 17	35 , 7 , 6	51	64 , 76	35 , 14 , 0
52	65 , 44	36 , 1 , 6	52	66 , 3	36 , 8 , 0
53	66 , 68	36 , 15 , 3	53	67 , 30	37 , 2 , 0
54	67 , 95	37 , 9 , 3	54	68 , 57	37 , 16 , 0
55	69 , 20	38 , 3 , 0	55	69 , 84	38 , 10 , 0
56	70 , 47	38 , 17 , 0	56	71 , 11	39 , 4 , 0
57	71 , 72	39 , 10 , 9	57	72 , 38	39 , 18 , 0
58	72 , 99	40 , 4 , 9	58	73 , 65	40 , 12 , 0
59	74 , 24	40 , 18 , 6	59	74 , 92	41 , 6 , 0
60	75 , 51	41 , 12 , 6	60	76 , 19	42 , 0 , 0
61	76 , 75	42 , 6 , 3	61	77 , 46	42 , 14 , 0
62	78 , 2	43 , 0 , 3	62	78 , 73	43 , 8 , 0
63	79 , 27	43 , 14 , 0	63	80 , 0	44 , 2 , 0
64	80 , 54	44 , 8 , 0	64	81 , 26	44 , 16 , 0
65	81 , 79	45 , 1 , 9	65	82 , 53	45 , 10 , 0
66	83 , 6	45 , 15 , 9	66	83 , 80	46 , 4 , 0
67	84 , 30	46 , 9 , 6	67	85 , 7	46 , 18 , 0
68	85 , 57	47 , 3 , 6	68	86 , 34	47 , 12 , 0
69	86 , 82	47 , 17 , 3	69	87 , 61	48 , 6 , 0
70	88 , 9	48 , 11 , 3	70	88 , 88	49 , 0 , 0
71	89 , 34	49 , 5 , 0	71	90 , 15	49 , 14 , 0
72	90 , 61	49 , 19 , 0	72	91 , 42	50 , 8 , 0
73	91 , 85	50 , 12 , 9	73	92 , 69	51 , 2 , 0
74	93 , 12	51 , 6 , 9	74	93 , 96	51 , 16 , 0
75	94 , 37	52 , 0 , 6	75	95 , 23	52 , 10 , 0
76	95 , 64	52 , 14 , 6	76	96 , 50	53 , 4 , 0
77	96 , 89	53 , 8 , 3	77	97 , 77	53 , 18 , 0
78	98 , 16	54 , 2 , 3	78	99 , 4	54 , 12 , 0
79	99 , 41	54 , 16 , 0	79	100 , 31	55 , 6 , 0
80	100 , 68	55 , 10 , 0	80	101 , 58	56 , 0 , 0
81	101 , 92	56 , 3 , 9	81	102 , 85	56 , 14 , 0
82	103 , 19	56 , 17 , 9	82	104 , 12	57 , 8 , 0
83	104 , 44	57 , 11 , 6	83	105 , 39	58 , 2 , 0
84	105 , 71	58 , 5 , 6	84	106 , 66	58 , 16 , 0
85	106 , 96	58 , 19 , 3	85	107 , 93	59 , 10 , 0
86	108 , 23	59 , 13 , 3	86	109 , 20	60 , 4 , 0
87	109 , 47	60 , 7 , 0	87	110 , 47	60 , 18 , 0
88	110 , 74	61 , 1 , 0	88	111 , 74	61 , 12 , 0
89	111 , 99	61 , 14 , 9	89	113 , 1	62 , 6 , 0
90	113 , 26	62 , 8 , 9	90	114 , 28	63 , 0 , 0
91	114 , 51	63 , 2 , 6	91	115 , 55	63 , 14 , 0
92	115 , 78	63 , 16 , 6	92	116 , 82	64 , 8 , 0
93	117 , 2	64 , 10 , 3	93	118 , 9	65 , 2 , 0
94	118 , 29	65 , 4 , 3	94	119 , 36	65 , 16 , 0
95	119 , 54	65 , 18 , 0	95	120 , 63	66 , 10 , 0
96	120 , 81	66 , 12 , 0	96	121 , 90	67 , 4 , 0
97	122 , 6	67 , 5 , 9	97	123 , 17	67 , 18 , 0
98	123 , 33	67 , 19 , 9	98	124 , 44	68 , 12 , 0
99	124 , 58	68 , 13 , 6	99	125 , 71	69 , 6 , 0
100	125 , 85	69 , 7 , 6	100	126 , 98	70 , 0 , 0

Nombre	francs ct.	courant. flor. s. den guld. s. dën			Nombre	francs ct.	courant. flor. s. den guld. s. dën		
50	64, 5	35	6	3	50	64, 62	35	12	6
51	65, 32	36	0	3	51	65, 91	36	6	9
52	66, 62	36	14	6	52	67, 21	37	1	0
53	67, 89	37	8	6	53	68, 50	37	15	3
54	69, 18	38	2	9	54	69, 79	38	9	6
55	70, 45	38	16	9	55	71, 8	39	3	9
56	71, 74	39	11	0	56	72, 38	39	18	0
57	73, 1	40	5	0	57	73, 67	40	12	3
58	74, 30	40	19	3	58	74, 96	41	6	6
59	75, 57	41	13	3	59	76, 25	42	0	9
60	76, 87	42	7	6	60	77, 55	42	15	0
61	78, 14	43	1	6	61	78, 84	43	9	3
62	79, 43	43	15	9	62	80, 13	44	3	6
63	80, 70	44	9	9	63	81, 42	44	17	9
64	81, 99	45	4	0	64	82, 72	45	12	0
65	83, 26	45	18	0	65	84, 1	46	6	3
66	84, 55	46	12	3	66	85, 30	47	0	6
67	85, 82	47	6	3	67	86, 59	47	14	9
68	87, 12	48	0	6	68	87, 89	48	9	0
69	88, 39	48	14	6	69	89, 18	49	3	3
70	89, 68	49	8	9	70	90, 47	49	17	6
71	90, 95	50	2	9	71	91, 76	50	11	9
72	92, 24	50	17	0	72	93, 6	51	6	0
73	93, 51	51	11	0	73	94, 35	52	0	3
74	94, 80	52	5	3	74	95, 64	52	14	6
75	96, 7	52	19	3	75	96, 93	53	8	9
76	97, 36	53	13	6	76	98, 23	54	3	0
77	98, 63	54	7	6	77	99, 52	54	17	3
78	99, 93	55	1	9	78	100, 81	55	11	6
79	101, 20	55	15	9	79	102, 10	56	5	9
80	102, 49	56	10	0	80	103, 40	57	0	0
81	103, 76	57	4	0	81	104, 69	57	14	3
82	105, 5	57	18	3	82	105, 98	58	8	6
83	106, 32	58	12	3	83	107, 27	59	2	9
84	107, 61	59	6	6	84	108, 57	59	17	0
85	108, 88	60	0	6	85	109, 86	60	11	3
86	110, 18	60	14	9	86	111, 15	61	5	6
87	111, 45	61	8	9	87	112, 44	61	19	9
88	112, 74	62	3	0	88	113, 74	62	14	0
89	114, 1	62	17	0	89	115, 3	63	8	3
90	115, 30	63	11	3	90	116, 32	64	2	6
91	116, 57	64	5	3	91	117, 61	64	16	9
92	117, 86	64	19	6	92	118, 91	65	11	0
93	119, 13	65	13	6	93	120, 20	66	5	3
94	120, 43	66	7	9	94	121, 49	66	19	6
95	121, 70	67	1	9	95	122, 78	67	13	9
96	122, 99	67	16	0	96	124, 8	68	8	0
97	124, 26	68	10	0	97	125, 37	69	2	3
98	125, 55	69	4	3	98	126, 66	69	16	6
99	126, 82	69	18	3	99	127, 95	70	10	9
100	128, 11	70	12	6	100	129, 25	71	5	0

Nombre	francs ct.	courant. flor. s. den.			Nombre	francs ct.	courant. flor. s. den.		
		guld.	s.	den			guld.	s.	den
50	65, 75	36	5	0	50	66, 89	36	17	6
51	67, 7	36	19	6	51	68, 23	37	12	3
52	68, 39	37	14	0	52	69, 56	38	7	0
53	69, 70	38	8	6	53	70, 90	39	1	9
54	71, 2	39	3	0	54	72, 24	39	16	6
55	72, 33	39	17	6	55	73, 58	40	11	3
56	73. 65	40	12	0	56	74, 92	41	6	0
57	74, 96	41	6	6	57	76, 25	42	0	9
58	76, 28	42	1	0	58	77, 59	42	15	6
59	77, 59	42	15	6	59	78, 93	43	10	3
60	78, 91	43	10	0	60	80, 27	44	5	0
61	80, 22	44	4	6	61	81, 61	44	19	9
62	81, 54	44	19	0	62	82, 94	45	14	6
63	82, 85	45	13	6	63	84, 28	46	9	3
64	84, 17	46	8	0	64	85, 62	47	4	0
65	85, 48	47	2	6	65	86, 96	47	18	9
66	86, 80	47	17	0	66	88, 29	48	13	6
67	88, 11	48	11	6	67	89, 63	49	8	3
68	89, 43	49	6	0	68	90, 97	50	3	0
69	90, 74	50	0	6	69	92, 31	50	17	9
70	92, 6	50	15	0	70	93, 65	51	12	6
71	93, 37	51	9	6	71	94, 98	52	7	3
72	94, 69	52	4	0	72	96, 32	53	2	0
73	96, 0	52	18	6	73	97, 66	53	16	9
74	97, 32	53	13	0	74	99, 0	54	11	6
75	98, 63	54	7	6	75	100, 34	55	6	3
76	99, 95	55	2	0	76	101, 67	56	1	0
77	101, 27	55	16	6	77	103, 1	56	15	9
78	102, 58	56	11	0	78	104, 35	57	10	6
79	103, 90	57	5	6	79	105, 69	58	5	3
80	105, 21	58	0	0	80	107, 2	59	0	0
81	106, 53	58	14	6	81	108, 35	59	14	9
82	107, 84	59	9	0	82	109, 69	60	9	6
83	109, 16	60	3	6	83	111, 3	61	4	3
84	110, 47	60	18	0	84	112, 37	61	19	0
85	111, 79	61	12	6	85	113, 71	62	13	9
86	113, 10	62	7	0	86	115, 5	63	8	6
87	114, 42	63	1	6	87	116, 39	64	3	3
88	115, 73	63	16	0	88	117, 73	64	18	0
89	117, 5	64	10	6	89	119, 7	65	12	9
90	118, 36	65	5	0	90	120, 40	66	7	6
91	119, 68	65	19	6	91	121, 74	67	2	3
92	120, 99	66	14	0	92	123, 8	67	17	0
93	122, 31	67	8	6	93	124, 42	68	11	9
94	123, 62	68	3	0	94	125, 76	69	6	6
95	124, 94	68	17	6	95	127, 9	70	1	3
96	126, 25	69	12	0	96	128, 43	70	16	0
97	127, 57	70	6	6	97	129, 77	71	10	9
98	128, 88	71	1	0	98	131, 11	72	5	6
99	130, 20	71	15	6	99	132, 44	73	0	3
100	131, 51	72	10	0	100	133, 78	73	15	0

Nombre	francs ct.	courant. flor. s. den. / guld. s. den	Nombre	francs ct.	courant. flor. s. den. / guld. s. den
50	68 , 2	37 , 10, 0	50	69 , 16	38 , 2, 6
51	69 , 38	38 , 5, 0	51	70 , 54	38 , 17, 9
52	70 , 74	39 , 0, 0	52	71 , 92	39 , 13, 0
53	72 , 10	39 , 15, 0	53	73 , 31	40 , 8, 3
54	73 , 46	40 , 10, 0	54	74 , 69	41 , 3, 6
55	74 , 83	41 , 5, 0	55	76 , 7	41 , 18, 9
56	76 , 19	42 , 0, 0	56	77 , 46	42 , 14, 0
57	77 , 55	42 , 15, 0	57	78 , 84	43 , 9, 3
58	78 , 91	43 , 10, 0	58	80 , 22	44 , 4, 6
59	80 , 27	44 , 5, 0	59	81 , 61	44 , 19, 9
60	81 , 63	45 , 0, 0	60	82 , 99	45 , 15, 0
61	82 , 99	45 , 15, 0	61	84 , 37	46 , 10, 3
62	84 , 35	46 , 10, 0	62	85 , 76	47 , 5, 6
63	85 , 71	47 , 5, 0	63	87 , 14	48 , 0, 9
64	87 , 7	48 , 0, 0	64	88 , 52	48 , 16, 0
65	88 , 43	48 , 15, 0	65	89 , 90	49 , 11, 3
66	89 , 79	49 , 10, 0	66	91 , 29	50 , 6, 6
67	91 , 15	50 , 5, 0	67	92 , 67	51 , 1, 9
68	92 , 51	51 , 0, 0	68	94 , 5	51 , 17, 0
69	93 , 87	51 , 15, 0	69	95 , 44	52 , 12, 3
70	95 , 23	52 , 10, 0	70	96 , 82	53 , 7, 6
71	96 , 59	53 , 5, 0	71	98 , 20	54 , 2, 9
72	97 , 95	54 , 0, 0	72	99 , 59	54 , 18, 0
73	99 , 31	54 , 15, 0	73	100 , 97	55 , 13, 3
74	100 , 68	55 , 10, 0	74	102 , 35	56 , 8, 6
75	102 , 4	56 , 5, 0	75	103 , 74	57 , 3, 9
76	103 , 40	57 , 0, 0	76	105 , 12	57 , 19, 0
77	104 , 76	57 , 15, 0	77	106 , 50	58 , 14, 3
78	106 , 12	58 , 10, 0	78	107 , 89	59 , 9, 6
79	107 , 48	59 , 5, 0	79	109 , 27	60 , 4, 9
80	108 , 84	60 , 0, 0	80	110 , 65	61 , 0, 0
81	110 , 20	60 , 15, 0	81	112 , 4	61 , 15, 3
82	111 , 56	61 , 10, 0	82	113 , 42	62 , 10, 6
83	112 , 92	62 , 5, 0	83	114 , 80	63 , 5, 9
84	114 , 28	63 , 0, 0	84	116 , 19	64 , 1, 0
85	115 , 64	63 , 15, 0	85	117 , 57	64 , 16, 3
86	117 , 0	64 , 10, 0	86	118 , 95	65 , 11, 6
87	118 , 36	65 , 5, 0	87	120 , 34	66 , 6, 9
88	119 , 72	66 , 0, 0	88	121 , 72	67 , 2, 0
89	121 , 8	66 , 15, 0	89	123 , 10	67 , 17, 3
90	122 , 44	67 , 10, 0	90	124 , 48	68 , 12, 6
91	123 , 80	68 , 5, 0	91	125 , 87	69 , 7, 9
92	125 , 17	69 , 0, 0	92	127 , 25	70 , 3, 0
93	126 , 53	69 , 15, 0	93	128 , 63	70 , 18, 3
94	127 , 89	70 , 10, 0	94	130 , 2	71 , 13, 6
95	129 , 25	71 , 5, 0	95	131 , 40	72 , 8, 9
96	130 , 61	72 , 0, 0	96	132 , 78	73 , 4, 0
97	131 , 97	72 , 15, 0	97	134 , 17	73 , 19, 3
98	133 , 33	73 , 10, 0	98	135 , 55	74 , 14, 6
99	134 , 69	74 , 5, 0	99	136 , 93	75 , 9, 9
100	136 , 5	75 , 0, 0	100	138 , 32	76 , 5, 0

31 Gr.

Nombre	francs ct.	courant — flor. s. den. (guld. s. den)
50	70, 29	38, 15, 0
51	71, 70	39, 10, 6
52	73, 10	40, 6, 0
53	74, 51	41, 1, 6
54	75, 91	41, 17, 0
55	77, 32	42, 12, 6
56	78, 73	43, 8, 0
57	80, 13	44, 3, 6
58	81, 54	44, 19, 0
59	82, 94	45, 14, 6
60	84, 35	46, 10, 0
61	85, 76	47, 5, 6
62	87, 16	48, 1, 0
63	88, 57	48, 16, 6
64	89, 97	49, 12, 0
65	91, 38	50, 7, 6
66	92, 78	51, 3, 0
67	94, 19	51, 18, 6
68	95, 60	52, 14, 0
69	97, 0	53, 9, 6
70	98, 41	54, 5, 0
71	99, 81	55, 0, 6
72	101, 22	55, 16, 0
73	102, 63	56, 11, 6
74	104, 3	57, 7, 0
75	105, 44	58, 2, 6
76	106, 84	58, 18, 0
77	108, 25	59, 13, 6
78	109, 66	60, 9, 0
79	111, 6	61, 4, 6
80	112, 47	62, 0, 0
81	113, 87	62, 15, 6
82	115, 28	63, 11, 0
83	116, 68	64, 6, 6
84	118, 9	65, 2, 0
85	119, 50	65, 17, 6
86	120, 90	66, 13, 0
87	122, 31	67, 8, 6
88	123, 71	68, 4, 0
89	125, 12	68, 19, 6
90	126, 53	69, 15, 0
91	127, 93	70, 10, 6
92	129, 34	71, 6, 0
93	130, 74	72, 1, 6
94	132, 15	72, 17, 0
95	133, 56	73, 12, 6
96	134, 96	74, 8, 0
97	136, 37	75, 3, 6
98	137, 77	75, 19, 0
99	139, 18	76, 14, 6
100	140, 58	77, 10, 0

31 ½ Gr.

Nombre	francs ct.	courant — flor. s. den. (guld. s. den)
50	71, 42	39, 7, 6
51	72, 85	40, 3, 3
52	74, 28	40, 19, 0
53	75, 71	41, 14, 9
54	77, 14	42, 10, 6
55	78, 57	43, 6, 3
56	80, 0	44, 2, 0
57	81, 42	44, 17, 9
58	82, 85	45, 13, 6
59	84, 28	46, 9, 3
60	85, 71	47, 5, 0
61	87, 14	48, 0, 9
62	88, 57	48, 16, 6
63	90, 0	49, 12, 3
64	91, 42	50, 8, 9
65	92, 85	51, 3, 9
66	94, 28	51, 19, 6
67	95, 71	52, 15, 3
68	97, 14	53, 11, 0
69	98, 57	54, 6, 9
70	100, 0	55, 2, 6
71	101, 42	55, 18, 3
72	102, 85	56, 14, 0
73	104, 28	57, 9, 9
74	105, 71	58, 5, 6
75	107, 14	59, 1, 3
76	108, 57	59, 17, 0
77	110, 0	60, 12, 9
78	111, 42	61, 8, 6
79	112, 85	62, 4, 3
80	114, 28	63, 0, 0
81	115, 71	63, 15, 9
82	117, 14	64, 11, 6
83	118, 57	65, 7, 3
84	120, 0	66, 3, 0
85	121, 42	66, 18, 9
86	122, 85	67, 14, 6
87	124, 28	68, 10, 3
88	125, 71	69, 6, 0
89	127, 14	70, 1, 9
90	128, 57	70, 17, 6
91	130, 0	71, 13, 3
92	131, 42	72, 9, 0
93	132, 85	73, 4, 9
94	134, 28	74, 0, 6
95	135, 71	74, 16, 3
96	137, 14	75, 12, 0
97	138, 57	76, 7, 9
98	140, 0	77, 3, 6
99	141, 42	77, 19, 3
100	142, 85	78, 15, 0

32 Gr.

Nombre	francs ct.	courant flor. s. den. (guld. s. den.)		
50	72, 56	40	0	0
51	74, 1	40	16	0
52	75, 46	41	12	0
53	76, 91	42	8	0
54	78, 36	43	4	0
55	79, 81	44	0	0
56	81, 27	44	16	0
57	82, 72	45	12	0
58	84, 17	46	8	0
59	85, 62	47	4	0
60	87, 7	48	0	0
61	88, 52	48	16	0
62	89, 97	49	12	0
63	91, 42	50	8	0
64	92, 88	51	4	0
65	94, 33	52	0	0
66	95, 78	52	16	0
67	97, 23	53	12	0
68	98, 68	54	8	0
69	100, 13	55	4	0
70	101, 58	56	0	0
71	103, 3	56	16	0
72	104, 49	57	12	0
73	105, 94	58	8	0
74	107, 39	59	4	0
75	108, 84	60	0	0
76	110, 29	60	16	0
77	111, 74	61	12	0
78	113, 19	62	8	0
79	114, 64	63	4	0
80	116, 10	64	0	0
81	117, 55	64	16	0
82	119, 0	65	12	0
83	120, 45	66	8	0
84	121, 90	67	4	0
85	123, 35	68	0	0
86	124, 80	68	16	0
87	126, 25	69	12	0
88	127, 71	70	8	0
89	129, 16	71	4	0
90	130, 61	72	0	0
91	132, 6	72	16	0
92	133, 51	73	12	0
93	134, 96	74	8	0
94	136, 41	75	4	0
95	137, 86	76	0	0
96	139, 31	76	16	0
97	140, 77	77	12	0
98	142, 22	78	8	0
99	143, 67	79	4	0
100	145, 12	80	0	0

32 ½ Gr.

Nombre	francs ct.	courant flor. s. den. (guld. s. den.)		
50	73, 69	40	12	6
51	75, 17	41	8	9
52	76, 64	42	5	0
53	78, 11	43	1	3
54	79, 59	43	17	6
55	81, 6	44	13	9
56	82, 54	45	10	0
57	84, 1	46	6	3
58	85, 48	47	2	6
59	86, 96	47	18	9
60	88, 43	48	15	0
61	89, 91	49	11	3
62	91, 38	50	7	6
63	92, 85	51	3	9
64	94, 33	52	0	0
65	95, 80	52	16	3
66	97, 27	53	12	6
67	98, 75	54	8	9
68	100, 22	55	5	0
69	101, 70	56	1	3
70	103, 17	56	17	6
71	104, 64	57	13	9
72	106, 12	58	10	0
73	107, 59	59	6	3
74	109, 7	60	2	6
75	110, 54	60	18	9
76	112, 1	61	15	0
77	113, 49	62	11	3
78	114, 96	63	7	6
79	116, 44	64	3	9
80	117, 91	65	0	0
81	119, 38	65	16	3
82	120, 86	66	12	6
83	122, 33	67	8	9
84	123, 81	68	5	0
85	125, 28	69	1	3
86	126, 75	69	17	6
87	128, 23	70	13	9
88	129, 70	71	10	0
89	131, 18	72	6	3
90	132, 65	73	2	6
91	134, 12	73	18	9
92	135, 60	74	15	0
93	137, 7	75	11	3
94	138, 55	76	7	6
95	140, 2	77	3	9
96	141, 49	78	0	0
97	142, 97	78	16	3
98	144, 44	79	12	6
99	145, 92	80	8	9
100	147, 39	81	5	0

Nombre	francs ct.	flor. / guld.	s.	den	Nombre	francs ct.	flor. / guld.	s.	den
50	74,83	41	5	0	50	75,96	41	17	6
51	76,32	42	1	6	51	77,48	42	14	3
52	77,82	42	18	0	52	79,0	43	11	0
53	79,32	43	14	6	53	80,52	44	7	9
54	80,81	44	11	0	54	82,4	45	4	6
55	82,31	45	7	6	55	83,56	46	1	3
56	83,81	46	4	0	56	85,8	46	18	0
57	85,30	47	0	6	57	86,59	47	14	9
58	86,80	47	17	0	58	88,11	48	11	6
59	88,30	48	13	6	59	89,63	49	8	3
60	89,79	49	10	0	60	91,15	50	5	0
61	91,29	50	6	6	61	92,67	51	1	9
62	92,78	51	3	0	62	94,19	51	18	6
63	94,28	51	19	6	63	95,71	52	15	3
64	95,78	52	16	0	64	97,23	53	12	0
65	97,27	53	12	6	65	98,75	54	8	9
66	98,77	54	9	0	66	100,27	55	5	6
67	100,27	55	5	6	67	101,79	56	2	3
68	101,76	56	2	0	68	103,31	56	19	0
69	103,26	56	18	6	69	104,83	57	15	9
70	104,76	57	15	0	70	106,34	58	12	6
71	106,25	58	11	6	71	107,86	59	9	3
72	107,75	59	8	0	72	109,38	60	6	0
73	109,25	60	4	6	73	110,90	61	2	9
74	110,74	61	1	0	74	112,42	61	19	6
75	112,24	61	17	6	75	113,94	62	16	3
76	113,74	62	14	0	76	115,46	63	13	0
77	115,23	63	10	6	77	116,98	64	9	9
78	116,73	64	7	0	78	118,50	65	6	6
79	118,23	65	3	6	79	120,2	66	3	3
80	119,72	66	0	0	80	121,54	67	0	0
81	121,22	66	16	6	81	123,6	67	16	9
82	122,72	67	13	0	82	124,58	68	13	6
83	124,21	68	9	6	83	126,10	69	10	3
84	125,71	69	6	0	84	127,61	70	7	0
85	127,21	70	2	6	85	129,13	71	3	9
86	128,70	70	19	0	86	130,65	72	0	6
87	130,20	71	15	6	87	132,17	72	17	3
88	131,70	72	12	0	88	133,69	73	14	0
89	133,19	73	8	6	89	135,21	74	10	9
90	134,69	74	5	0	90	136,73	75	7	6
91	136,19	75	1	6	91	138,25	76	4	3
92	137,68	75	18	0	92	139,77	77	1	0
93	139,18	76	14	6	93	141,29	77	17	9
94	140,68	77	11	0	94	142,81	78	14	6
95	142,17	78	7	6	95	144,33	79	11	3
96	143,67	79	4	0	96	145,85	80	8	0
97	145,17	80	0	6	97	147,37	81	4	9
98	146,66	80	17	0	98	148,89	82	1	6
99	148,16	81	13	6	99	150,40	82	18	3
100	149,66	82	10	0	100	151,92	83	15	0

34 Gr. | 34 ½ Gr.

Nombre	francs	ct	flor. courant guld.	s.	den	Nombre	francs	ct	flor. courant guld.	s.	den
50	77	9	42	10	0	50	78	23	43	2	6
51	78	63	43	7	0	51	79	79	43	19	9
52	80	18	44	4	0	52	81	36	44	17	0
53	81	72	45	1	0	53	82	92	45	14	3
54	83	26	45	18	0	54	84	49	46	11	6
55	84	80	46	15	0	55	86	5	47	8	9
56	86	34	47	12	0	56	87	61	48	6	0
57	87	89	48	9	0	57	89	18	49	3	3
58	89	43	49	6	0	58	90	74	50	0	6
59	90	97	50	3	0	59	92	31	50	17	9
60	92	51	51	0	0	60	93	87	51	15	0
61	94	5	51	17	0	61	95	44	52	12	3
62	95	60	52	14	0	62	97	0	53	9	6
63	97	14	53	11	0	63	98	57	54	6	9
64	98	68	54	8	0	64	100	13	55	4	0
65	100	22	55	5	0	65	101	70	56	1	3
66	101	76	56	2	0	66	103	26	56	18	6
67	103	31	56	19	0	67	104	82	57	15	9
68	104	85	57	16	0	68	106	39	58	13	0
69	106	39	58	13	0	69	107	95	59	10	3
70	107	93	59	10	0	70	109	52	60	7	6
71	109	47	60	7	0	71	111	8	61	4	9
72	111	2	61	4	0	72	112	65	62	2	0
73	112	56	62	1	0	73	114	21	62	19	3
74	114	10	62	18	0	74	115	78	63	16	6
75	115	64	63	15	0	75	117	34	64	13	9
76	117	18	64	12	0	76	118	91	65	11	0
77	118	73	65	9	0	77	120	47	66	8	3
78	120	27	66	6	0	78	122	4	67	5	6
79	121	81	67	3	0	79	123	60	68	2	9
80	123	35	68	0	0	80	125	17	69	0	0
81	124	69	68	17	0	81	126	73	69	17	3
82	126	44	69	14	0	82	128	29	70	14	6
83	127	98	70	11	0	83	129	86	71	11	9
84	129	52	71	8	0	84	131	42	72	9	0
85	131	6	72	5	0	85	132	99	73	6	3
86	132	60	73	2	0	86	134	55	74	3	6
87	134	14	73	19	0	87	136	12	75	0	9
88	135	69	74	16	0	88	137	68	75	18	0
89	137	23	75	13	0	89	139	25	76	15	3
90	138	77	76	10	0	90	140	81	77	12	6
91	140	31	77	7	0	91	142	38	78	9	9
92	141	85	78	4	0	92	143	94	79	7	0
93	143	40	79	1	0	93	145	51	80	4	3
94	144	94	79	18	0	94	147	7	81	1	6
95	146	48	80	15	0	95	148	63	81	18	9
96	148	2	81	12	0	96	150	20	82	16	0
97	149	56	82	9	0	97	151	76	83	13	3
98	151	11	83	6	0	98	153	33	84	10	6
99	152	65	84	3	0	99	154	89	85	7	9
100	154	19	85	0	0	100	156	46	86	5	0

Nombre	francs ct.	courant flor. s. den guld. s. den	Nombre	francs ct.	courant flor. s. den guld. s. den
50	79 , 36	43 , 15 , 0	50	80 , 49	44 , 7 , 6
51	80 , 95	44 , 12 , 6	51	82 , 10	45 , 5 , 3
52	82 , 54	45 , 10 , 0	52	83 , 71	46 , 3 , 0
53	84 , 12	46 , 7 , 6	53	85 , 32	47 , 0 , 9
54	85 , 71	47 , 5 , 0	54	86 , 93	47 , 18 , 6
55	87 , 30	48 , 2 , 6	55	88 , 54	48 , 16 , 3
56	88 , 88	49 , 0 , 0	56	90 , 15	49 , 14 , 0
57	90 , 47	49 , 17 , 6	57	91 , 76	50 , 11 , 9
58	92 , 6	50 , 15 , 0	58	93 , 37	51 , 9 , 6
59	93 , 65	51 , 12 , 6	59	94 , 98	52 , 7 , 3
60	95 , 23	52 , 10 , 0	60	96 , 59	53 , 5 , 0
61	96 , 82	53 , 7 , 6	61	98 , 20	54 , 2 , 9
62	98 , 41	54 , 5 , 0	62	99 , 81	55 , 0 , 6
63	100 , 0	55 , 2 , 6	63	101 , 42	55 , 18 , 3
64	101 , 58	56 , 0 , 0	64	103 , 3	56 , 16 , 0
65	103 , 17	56 , 17 , 6	65	104 , 64	57 , 13 , 9
66	104 , 76	57 , 15 , 0	66	106 , 25	58 , 11 , 6
67	106 , 34	58 , 12 , 6	67	107 , 86	59 , 9 , 3
68	107 , 93	59 , 10 , 0	68	109 , 47	60 , 7 , 0
69	109 , 52	60 , 7 , 6	69	111 , 8	61 , 4 , 9
70	111 , 11	61 , 5 , 0	70	112 , 69	62 , 2 , 6
71	112 , 69	62 , 2 , 6	71	114 , 30	63 , 0 , 3
72	114 , 28	63 , 0 , 0	72	115 , 91	63 , 18 , 0
73	115 , 87	63 , 17 , 6	73	117 , 52	64 , 15 , 9
74	117 , 46	64 , 15 , 0	74	119 , 13	65 , 13 , 6
75	119 , 4	65 , 12 , 6	75	120 , 74	66 , 11 , 3
76	120 , 63	66 , 10 , 0	76	122 , 35	67 , 9 , 0
77	122 , 22	67 , 7 , 6	77	123 , 96	68 , 6 , 9
78	123 , 80	68 , 5 , 0	78	125 , 57	69 , 4 , 6
79	125 , 39	69 , 2 , 6	79	127 , 18	70 , 2 , 3
80	126 , 98	70 , 0 , 0	80	128 , 79	71 , 0 , 0
81	128 , 57	70 , 17 , 6	81	130 , 40	71 , 17 , 9
82	130 , 15	71 , 15 , 0	82	132 , 1	72 , 15 , 6
83	131 , 74	72 , 12 , 6	83	133 , 62	73 , 13 , 3
84	133 , 33	73 , 10 , 0	84	135 , 23	74 , 11 , 0
85	134 , 92	74 , 7 , 6	85	136 , 84	75 , 8 , 9
86	136 , 50	75 , 5 , 0	86	138 , 45	76 , 6 , 6
87	138 , 9	76 , 2 , 6	87	140 , 6	77 , 4 , 3
88	139 , 68	77 , 0 , 0	88	141 , 67	78 , 2 , 0
89	141 , 26	77 , 17 , 6	89	143 , 28	78 , 19 , 9
90	142 , 85	78 , 15 , 0	90	144 , 89	79 , 17 , 6
91	144 , 44	79 , 12 , 6	91	146 , 50	80 , 15 , 3
92	146 , 3	80 , 10 , 0	92	148 , 11	81 , 13 , 0
93	147 , 61	81 , 7 , 6	93	149 , 72	82 , 10 , 9
94	149 , 20	82 , 5 , 0	94	151 , 33	83 , 8 , 6
95	150 , 79	83 , 2 , 6	95	152 , 94	84 , 6 , 3
96	152 , 38	84 , 0 , 0	96	154 , 55	85 , 4 , 0
97	153 , 96	84 , 17 , 6	97	156 , 16	86 , 1 , 9
98	155 , 55	85 , 15 , 0	98	157 , 77	86 , 19 , 6
99	157 , 14	86 , 12 , 6	99	159 , 38	87 , 17 , 3
100	158 , 73	87 , 10 , 0	100	160 , 99	88 , 15 , 0

36 Gr. | 36 ½ Gr.

Nombre	francs ct.	courant. flor. s. den guld. s. den	Nombre	francs ct.	courant. flor. s. den guld. s. den
50	81 , 63	45 , 0 , 0	50	82 , 76	45 , 12 , 6
51	83 , 26	45 , 18 , 0	51	84 , 42	46 , 10 , 9
52	84 , 89	46 , 16 , 0	52	86 , 7	47 , 9 , 0
53	86 , 53	47 , 14 , 0	53	87 , 73	48 , 7 , 3
54	88 , 16	48 , 12 , 0	54	89 , 38	49 , 5 , 6
55	89 , 79	49 , 10 , 0	55	91 , 4	50 , 3 , 9
56	91 , 42	50 , 8 , 0	56	92 , 69	51 , 2 , 0
57	93 , 6	51 , 6 , 0	57	94 , 35	52 , 0 , 3
58	94 , 69	52 , 4 , 0	58	96 , 0	52 , 18 , 6
59	96 , 32	53 , 2 , 0	59	97 , 66	53 , 16 , 9
60	97 , 95	54 , 0 , 0	60	99 , 32	54 , 15 , 0
61	99 , 59	54 , 18 , 0	61	100 , 97	55 , 13 , 3
62	101 , 22	55 , 16 , 0	62	102 , 63	56 , 11 , 6
63	102 , 85	56 , 14 , 0	63	104 , 28	57 , 9 , 9
64	104 , 49	57 , 12 , 0	64	105 , 94	58 , 8 , 0
65	106 , 12	58 , 10 , 0	65	107 , 59	59 , 6 , 3
66	107 , 75	59 , 8 , 0	66	109 , 25	60 , 4 , 6
67	109 , 38	60 , 6 , 0	67	110 , 90	61 , 2 , 9
68	111 , 2	61 , 4 , 0	68	112 , 56	62 , 1 , 0
69	112 , 65	62 , 2 , 0	69	114 , 21	62 , 19 , 3
70	114 , 28	63 , 0 , 0	70	115 , 87	63 , 17 , 6
71	115 , 91	63 , 18 , 0	71	117 , 52	64 , 15 , 9
72	117 , 55	64 , 16 , 0	72	119 , 18	65 , 14 , 0
73	119 , 18	65 , 14 , 0	73	120 , 84	66 , 12 , 3
74	120 , 81	66 , 12 , 0	74	122 , 49	67 , 10 , 6
75	122 , 44	67 , 10 , 0	75	124 , 15	68 , 8 , 9
76	124 , 8	68 , 8 , 0	76	125 , 80	69 , 7 , 0
77	125 , 71	69 , 6 , 0	77	127 , 46	70 , 5 , 3
78	127 , 34	70 , 4 , 0	78	129 , 11	71 , 3 , 6
79	128 , 98	71 , 2 , 0	79	130 , 77	72 , 1 , 9
80	130 , 61	72 , 0 , 0	80	132 , 42	73 , 0 , 0
81	132 , 24	72 , 18 , 0	81	134 , 8	73 , 18 , 3
82	133 , 87	73 , 16 , 0	82	135 , 73	74 , 16 , 6
83	135 , 51	74 , 14 , 0	83	137 , 39	75 , 14 , 9
84	137 , 14	75 , 12 , 0	84	139 , 5	76 , 13 , 0
85	138 , 77	76 , 10 , 0	85	140 , 70	77 , 11 , 3
86	140 , 40	77 , 8 , 0	86	142 , 36	78 , 9 , 6
87	142 , 4	78 , 6 , 0	87	144 , 1	79 , 7 , 9
88	143 , 67	79 , 4 , 0	88	145 , 67	80 , 6 , 0
89	145 , 30	80 , 2 , 0	89	147 , 32	81 , 4 , 3
90	146 , 93	81 , 0 , 0	90	148 , 98	82 , 2 , 6
91	148 , 57	81 , 18 , 0	91	150 , 63	83 , 0 , 9
92	150 , 20	82 , 16 , 0	92	152 , 29	83 , 19 , 0
93	151 , 83	83 , 14 , 0	93	153 , 94	84 , 17 , 3
94	153 , 47	84 , 12 , 0	94	155 , 60	85 , 15 , 6
95	155 , 10	85 , 10 , 0	95	157 , 25	86 , 13 , 9
96	156 , 73	86 , 8 , 0	96	158 , 91	87 , 12 , 0
97	158 , 36	87 , 6 , 0	97	160 , 57	88 , 10 , 3
98	160 , 0	88 , 4 , 0	98	162 , 22	89 , 8 , 6
99	161 , 63	89 , 2 , 0	99	163 , 88	90 , 6 , 9
100	163 , 26	90 , 0 , 0	100	165 , 53	91 , 5 , 0

Nombre	francs ct.	courant. flor. s. den / guld. s. den			Nombre	francs ct.	courant. flor. s. den / guld. s. den		
50	83, 90	46	5	0	50	85 . 3	46	17	6
51	85, 57	47	3	6	51	86 . 73	47	16	3
52	87, 25	48	2	0	52	88 . 43	48	15	0
53	88, 93	49	0	6	53	90 . 13	49	13	9
54	90, 61	49	19	0	54	91 . 83	50	12	6
55	92, 29	50	17	6	55	93 . 53	51	11	3
56	93, 96	51	16	0	56	95 . 23	52	10	0
57	95, 64	52	14	6	57	96 . 93	53	8	9
58	97, 32	53	13	0	58	98 . 64	54	7	6
59	99, 0	54	11	6	59	100 . 34	55	6	3
60	100, 68	55	10	0	60	102 . 4	56	5	0
61	102, 35	56	8	6	61	103 . 74	57	3	9
62	104, 3	57	7	0	62	105 . 44	58	2	6
63	105, 71	58	5	6	63	107 . 14	59	1	3
64	107, 39	59	4	0	64	108 . 84	60	0	0
65	109, 7	60	2	6	65	110 . 54	60	18	9
66	110, 75	61	1	0	66	112 . 24	61	17	6
67	112, 42	61	19	6	67	113 . 94	62	16	3
68	114, 10	62	18	0	68	115 . 64	63	15	0
69	115, 78	63	16	6	69	117 . 34	64	13	9
70	117, 46	64	15	0	70	119 . 4	65	12	6
71	119, 14	65	13	6	71	120 . 74	66	11	3
72	120, 81	66	12	0	72	122 . 44	67	10	0
73	122, 49	67	10	6	73	124 . 15	68	8	9
74	124, 17	68	9	0	74	125 . 85	69	7	6
75	125, 85	69	7	6	75	127 . 55	70	6	3
76	127, 53	70	6	0	76	129 . 25	71	5	0
77	129, 20	71	4	6	77	130 . 95	72	3	9
78	130, 88	72	3	0	78	132 . 65	73	2	6
79	132, 56	73	1	6	79	134 . 35	74	1	3
80	134, 24	74	0	0	80	136 . 5	75	0	0
81	135, 92	74	18	6	81	137 . 75	75	18	9
82	137, 59	75	17	0	82	139 . 45	76	17	6
83	139, 27	76	15	6	83	141 . 15	77	16	3
84	140, 95	77	14	0	84	142 . 85	78	15	0
85	142, 63	78	12	6	85	144 . 55	79	13	9
86	144, 31	79	11	0	86	146 . 25	80	12	6
87	145, 99	80	9	6	87	147 . 96	81	11	3
88	147, 66	81	8	0	88	149 . 66	82	10	0
89	149, 34	82	6	6	89	151 . 36	83	8	9
90	151, 2	83	5	0	90	153 . 6	84	7	6
91	152, 70	84	3	6	91	154 . 76	85	6	3
92	154, 38	85	2	0	92	156 . 46	86	5	0
93	156, 5	86	0	6	93	158 . 16	87	3	9
94	157, 73	86	19	0	94	159 . 86	88	2	6
95	159, 41	87	17	6	95	161 . 56	89	1	3
96	161, 9	88	16	0	96	163 . 26	90	0	0
97	162, 77	89	14	6	97	164 . 96	90	18	9
98	164, 44	90	13	0	98	166 . 66	91	17	6
99	166, 12	91	11	6	99	168 . 36	92	16	3
100	167, 80	92	10	0	100	170, 6	93	15	0

Gr. 38

Nombre	francs ct.	courant. flor. s. den guld. s. den		
50	86 , 16	47 , 10 , 0		
51	87 , 89	48 , 9 , 0		
52	89 , 61	49 , 8 , 0		
53	91 , 33	50 , 7 , 0		
54	93 , 6	51 , 6 , 0		
55	94 , 78	52 , 5 , 0		
56	96 , 50	53 , 4 , 0		
57	98 , 23	54 , 3 , 0		
58	99 , 95	55 , 2 , 0		
59	101 , 67	56 , 1 , 0		
60	103 , 40	57 , 0 , 0		
61	105 , 12	57 , 19 , 0		
62	106 , 84	58 , 18 , 0		
63	108 , 57	59 , 17 , 0		
64	110 , 29	60 , 16 , 0		
65	112 , 1	61 , 15 , 0		
66	113 , 74	62 , 14 , 0		
67	115 , 46	63 , 13 , 0		
68	117 , 18	64 , 12 , 0		
69	118 , 91	65 , 11 , 0		
70	120 , 63	66 , 10 , 0		
71	122 , 35	67 , 9 , 0		
72	124 , 8	68 , 8 , 0		
73	125 , 80	69 , 7 , 0		
74	127 , 52	70 , 6 , 0		
75	129 , 25	71 , 5 , 0		
76	130 , 97	72 , 4 , 0		
77	132 , 70	73 , 3 , 0		
78	134 , 42	74 , 2 , 0		
79	136 , 14	75 , 1 , 0		
80	137 , 87	76 , 0 , 0		
81	139 , 59	76 , 19 , 0		
82	141 , 31	77 , 18 , 0		
83	143 , 4	78 , 17 , 0		
84	144 , 76	79 , 16 , 0		
85	146 , 48	80 , 15 , 0		
86	148 , 21	81 , 14 , 0		
87	149 , 93	82 , 13 , 0		
88	151 , 65	83 , 12 , 0		
89	153 , 38	84 , 11 , 0		
90	155 , 10	85 , 10 , 0		
91	156 , 82	86 , 9 , 0		
92	158 , 55	87 , 8 , 0		
93	160 , 27	88 , 7 , 0		
94	161 , 99	89 , 6 , 0		
95	163 , 72	90 , 5 , 0		
96	165 , 44	91 , 4 , 0		
97	167 , 16	92 , 3 , 0		
98	168 , 89	93 , 2 , 0		
99	170 , 61	94 , 1 , 0		
100	172 , 33	95 , 0 , 0		

38 ½ Gr.

Nombre	francs ct.	courant. flor. s. den guld. s. den		
50	87 , 30	48 , 2 , 6		
51	89 , 4	49 , 1 , 9		
52	90 , 79	50 , 1 , 0		
53	92 , 54	51 , 0 , 3		
54	94 , 28	51 , 19 , 6		
55	96 , 3	52 , 18 , 9		
56	97 , 77	53 , 18 , 0		
57	99 , 52	54 , 17 , 3		
58	101 , 27	55 , 16 , 6		
59	103 , 1	56 , 15 , 9		
60	104 , 76	57 , 15 , 0		
61	106 , 50	58 , 14 , 3		
62	108 , 25	59 , 13 , 6		
63	110 , 0	60 , 12 , 9		
64	111 , 74	61 , 12 , 0		
65	113 , 49	62 , 11 , 3		
66	115 , 23	63 , 10 , 6		
67	116 , 98	64 , 9 , 9		
68	118 , 73	65 , 9 , 0		
69	120 , 47	66 , 8 , 3		
70	122 , 22	67 , 7 , 6		
71	123 , 97	68 , 6 , 9		
72	125 , 71	69 , 6 , 0		
73	127 , 46	70 , 5 , 3		
74	129 , 20	71 , 4 , 6		
75	130 , 95	72 , 3 , 9		
76	132 , 70	73 , 3 , 0		
77	134 , 44	74 , 2 , 3		
78	136 , 19	75 , 1 , 6		
79	137 , 93	76 , 0 , 9		
80	139 , 68	77 , 0 , 0		
81	141 , 43	77 , 19 , 3		
82	143 , 17	78 , 18 , 6		
83	144 , 92	79 , 17 , 9		
84	146 , 67	80 , 17 , 0		
85	148 , 41	81 , 16 , 3		
86	150 , 16	82 , 15 , 6		
87	151 , 90	83 , 14 , 9		
88	153 , 65	84 , 14 , 0		
89	155 , 40	85 , 13 , 3		
90	157 , 14	86 , 12 , 6		
91	158 , 89	87 , 11 , 9		
92	160 , 63	88 , 11 , 0		
93	162 , 38	89 , 10 , 3		
94	164 , 13	90 , 9 , 6		
95	165 , 87	91 , 8 , 9		
96	167 , 62	92 , 8 , 0		
97	169 , 36	93 , 7 , 3		
98	171 , 11	94 , 6 , 6		
99	172 , 86	95 , 5 , 9		
100	174 , 60	96 . 5 , 0		

Nombre	francs ct.	courant flor. s. den / guld. s. den	Nombre	francs ct.	courant flor. s. den / guld. s. den
50	88 , 43	48 , 15 , 0	50	89 , 56	49 , 7 , 6
51	90 , 20	49 , 14 , 6	51	91 , 36	50 , 7 , 3
52	91 , 97	50 , 14 , 0	52	93 , 15	51 , 7 , 0
53	93 , 74	51 , 13 , 6	53	94 , 94	52 , 6 , 9
54	95 , 51	52 , 13 , 0	54	96 , 73	53 , 6 , 6
55	97 , 27	53 , 12 , 6	55	98 , 52	54 , 6 , 3
56	99 , 4	54 , 12 , 0	56	100 , 31	55 , 6 , 0
57	100 , 81	55 , 11 , 6	57	102 , 11	56 , 5 , 9
58	102 , 58	56 , 11 , 0	58	103 , 90	57 , 5 , 6
59	104 , 35	57 , 10 , 6	59	105 , 69	58 , 5 , 3
60	106 , 12	58 , 10 , 0	60	107 , 48	59 , 5 , 0
61	107 , 89	59 , 9 , 6	61	109 , 27	60 , 4 , 9
62	109 , 66	60 , 9 , 0	62	111 , 6	61 , 4 , 6
63	111 , 43	61 , 8 , 6	63	112 , 85	62 , 4 , 3
64	113 , 19	62 , 8 , 0	64	114 , 65	63 , 4 , 0
65	114 , 96	63 , 7 , 6	65	116 , 44	64 , 3 , 9
66	116 , 73	64 , 7 , 0	66	118 , 23	65 , 3 , 6
67	118 , 50	65 , 6 , 6	67	120 , 2	66 , 3 , 3
68	120 , 27	66 , 6 , 0	68	121 , 81	67 , 3 , 0
69	122 , 4	67 , 5 , 6	69	123 , 60	68 , 2 , 9
70	123 , 81	68 , 5 , 0	70	125 , 39	69 , 2 , 6
71	125 , 58	69 , 4 , 6	71	127 , 19	70 , 2 , 3
72	127 , 34	70 , 4 , 0	72	128 , 98	71 , 2 , 0
73	129 , 11	71 , 3 , 6	73	130 , 77	72 , 1 , 9
74	130 , 88	72 , 3 , 0	74	132 , 56	73 , 1 , 6
75	132 , 65	73 , 2 , 6	75	134 , 35	74 , 1 , 3
76	134 , 42	74 , 2 , 0	76	136 , 14	75 , 1 , 0
77	136 , 19	75 , 1 , 6	77	137 , 94	76 , 0 , 9
78	137 , 96	76 , 1 , 0	78	139 , 73	77 , 0 , 6
79	139 , 73	77 , 0 , 6	79	141 , 52	78 , 0 , 3
80	141 , 49	78 , 0 , 0	80	143 , 31	79 , 0 , 0
81	143 , 26	78 , 19 , 6	81	145 , 10	79 , 19 , 9
82	145 , 3	79 , 19 , 0	82	146 , 89	80 , 19 , 6
83	146 , 80	80 , 18 , 6	83	148 , 68	81 , 19 , 3
84	148 , 57	81 , 18 , 0	84	150 , 48	82 , 19 , 0
85	150 , 34	82 , 17 , 6	85	152 , 27	83 , 18 , 9
86	152 , 11	83 , 17 , 0	86	154 , 6	84 , 18 , 6
87	153 , 88	84 , 16 , 6	87	155 , 85	85 , 18 , 3
88	155 , 65	85 , 16 , 0	88	157 , 64	86 , 18 , 0
89	157 , 41	86 , 15 , 6	89	159 , 43	87 , 17 , 9
90	159 , 18	87 , 15 , 0	90	161 , 22	88 , 17 , 6
91	160 , 95	88 , 14 , 6	91	163 , 2	89 , 17 , 3
92	162 , 72	89 , 14 , 0	92	164 , 81	90 , 17 , 0
93	164 , 49	90 , 13 , 6	93	166 , 60	91 , 16 , 9
94	166 , 26	91 , 13 , 0	94	168 , 39	92 , 16 , 6
95	168 , 3	92 , 12 , 6	95	170 , 18	93 , 16 , 3
96	169 , 80	93 , 12 , 0	96	171 , 97	94 , 16 , 0
97	171 , 56	94 , 11 , 6	97	173 , 77	95 , 15 , 9
98	173 , 33	95 , 11 , 0	98	175 , 56	96 , 15 , 6
99	175 , 10	96 , 10 , 6	99	177 , 35	97 , 15 , 3
100	176 , 87	97 , 10 , 0	100	179 , 13	98 , 15 , 0

M

40 Gr.

Nombre	francs ct.	courant. flor. s. den. (guld. s. den)		
50	90 , 70	50,	0,	0
51	92 , 51	51,	0,	0
52	94 , 33	52,	0,	0
53	96 , 14	53,	0,	0
54	97 , 95	54,	0,	0
55	99 , 77	55,	0,	0
56	101 , 58	56,	0,	0
57	103 , 40	57,	0,	0
58	105 , 21	58,	0,	0
59	107 , 2	59,	0,	0
60	108 , 84	60,	0,	0
61	110 , 65	61,	0,	0
62	112 , 47	62,	0,	0
63	114 , 28	63,	0,	0
64	116 , 10	64,	0,	0
65	117 , 91	65,	0,	0
66	119 , 72	66,	0,	0
67	121 , 54	67,	0,	0
68	123 , 35	68,	0,	0
69	125 , 17	69,	0,	0
70	126 , 98	70,	0,	0
71	128 , 79	71,	0,	0
72	130 , 61	72,	0,	0
73	132 , 42	73,	0,	0
74	134 , 24	74,	0,	0
75	136 , 5	75,	0,	0
76	137 , 86	76,	0,	0
77	139 , 68	77,	0,	0
78	141 , 49	78,	0,	0
79	143 , 31	79,	0,	0
80	145 , 12	80,	0,	0
81	146 , 94	81,	0,	0
82	148 , 75	82,	0,	0
83	150 , 56	83,	0,	0
84	152 , 38	84,	0,	0
85	154 , 19	85,	0,	0
86	156 , 1	86,	0,	0
87	157 , 82	87,	0,	0
88	159 , 63	88,	0,	0
89	161 , 45	89,	0,	0
90	163 , 26	90,	0,	0
91	165 , 8	91,	0,	0
92	166 , 89	92,	0,	0
93	168 , 70	93,	0,	0
94	170 , 52	94,	0,	0
95	172 , 33	95,	0,	0
96	174 , 15	96,	0,	0
97	175 , 96	97,	0,	0
98	177 , 77	98,	0,	0
99	179 , 59	99,	0,	0
100	181 , 40	100,	0,	0

40 ½ Gr.

Nombre	francs ct.	courant. flor. s. den. (guld. s. den)		
50	91 , 83	50,	12,	6
51	93 , 67	51,	12,	9
52	95 , 51	52,	13,	0
53	97 , 34	53,	13,	3
54	99 , 18	54,	13,	6
55	101 , 2	55,	13,	9
56	102 , 85	56,	14,	0
57	104 , 69	57,	14,	3
58	106 , 53	58,	14,	6
59	108 , 36	59,	14,	9
60	110 , 20	60,	15,	0
61	112 , 4	61,	15,	3
62	113 , 87	62,	15,	6
63	115 , 71	63,	15,	9
64	117 , 55	64,	16,	0
65	119 , 38	65,	16,	3
66	121 , 22	66,	16,	6
67	123 , 6	67,	16,	9
68	124 , 89	68,	17,	0
69	126 , 73	69,	17,	3
70	128 , 57	70,	17,	6
71	130 , 40	71,	17,	9
72	132 , 24	72,	18,	0
73	134 , 8	73,	18,	3
74	135 , 92	74,	18,	6
75	137 , 75	75,	18,	9
76	139 , 59	76,	19,	0
77	141 , 43	77,	19,	3
78	143 , 26	78,	19,	6
79	145 , 10	79,	19,	9
80	146 , 94	81,	0,	0
81	148 , 77	82,	0,	3
82	150 , 61	83,	0,	6
83	152 , 45	84,	0,	9
84	154 , 28	85,	1,	0
85	156 , 12	86,	1,	3
86	157 , 96	87,	1,	6
87	159 , 79	88,	1,	9
88	161 , 63	89,	2,	0
89	163 , 47	90,	2,	3
90	165 , 30	91,	2,	6
91	167 , 14	92,	2,	9
92	168 , 98	93,	3,	0
93	170 , 81	94,	3,	3
94	172 , 65	95,	3,	6
95	174 , 49	96,	3,	9
96	176 , 32	97,	4,	0
97	178 , 16	98,	4,	3
98	180 , 0	99,	4,	6
99	181 , 84	100,	4,	9
100	183 , 67	101,	5,	0

Nombre	francs ct.	courant. flor. s. den guld. s. den	Nombre	francs ct.	courant. flor. s. den guld. s. den
50	92 , 97	51, 5 , 0	50	94 , 10	51, 17 , 6
51	94 , 83	52, 5 , 6	51	95 , 98	52, 18 , 3
52	96 , 68	53, 6 , 0	52	97 , 86	53, 19 , 0
53	98 , 54	54, 6 , 6	53	99 , 75	54, 19 , 9
54	100 , 40	55, 7 , 0	54	101 , 63	56, 0 , 6
55	102 , 26	56, 7 , 6	55	103 , 51	57, 1 , 3
56	104 , 12	57, 8 , 0	56	105 , 39	58, 2 , 0
57	105 , 98	58, 8 , 6	57	107 , 28	59, 2 , 9
58	107 , 84	59, 9 , 0	58	109 , 16	60, 3 , 6
59	109 , 70	60, 9 , 6	59	111 , 4	61, 4 , 3
60	111 , 56	61, 10 , 0	60	112 , 92	62, 5 , 0
61	113 , 42	62, 10 , 6	61	114 , 80	63, 5 , 9
62	115 , 28	63, 11 , 0	62	116 , 69	64, 6 , 6
63	117 , 14	64, 11 , 6	63	118 , 57	65, 7 , 3
64	119 , 0	65, 12 , 0	64	120 , 45	66, 8 , 0
65	120 , 86	66, 12 , 6	65	122 , 33	67, 8 , 9
66	122 , 72	67, 13 , 0	66	124 , 21	68, 9 , 6
67	124 , 58	68, 13 , 6	67	126 , 10	69, 10 , 3
68	126 , 44	69, 14 , 0	68	127 , 98	70, 11 , 0
69	128 , 30	70, 14 , 6	69	129 , 86	71, 11 , 9
70	130 , 16	71, 15 , 0	70	131 , 74	72, 12 , 6
71	132 , 2	72, 15 , 6	71	133 , 63	73, 13 , 3
72	133 , 87	73, 16 , 0	72	135 , 51	74, 14 , 0
73	135 , 73	74, 16 , 6	73	137 , 39	75, 14 , 9
74	137 , 59	75, 17 , 0	74	139 , 27	76, 15 , 6
75	139 , 45	76, 17 , 6	75	141 , 15	77, 16 , 3
76	141 , 31	77, 18 , 0	76	143 , 4	78, 17 , 0
77	143 , 17	78, 18 , 6	77	144 , 92	79, 17 , 9
78	145 , 3	79, 19 , 0	78	146 , 80	80, 18 , 6
79	146 , 89	80, 19 , 6	79	148 , 68	81, 19 , 3
80	148 , 75	82, 0 , 0	80	150 , 57	83, 0 , 0
81	150 , 61	83, 0 , 6	81	152 , 45	84, 0 , 9
82	152 , 47	84, 1 , 0	82	154 , 33	85, 1 , 6
83	154 , 33	85, 1 , 6	83	156 , 21	86, 2 , 3
84	156 , 19	86, 2 , 0	84	158 , 9	87, 3 , 0
85	158 , 5	87, 2 , 6	85	159 , 98	88, 3 , 9
86	159 , 91	88, 3 , 0	86	161 , 86	89, 4 , 6
87	161 , 77	89, 3 , 6	87	163 , 74	90, 5 , 3
88	163 , 63	90, 4 , 0	88	165 , 62	91, 6 , 0
89	165 , 49	91, 4 , 6	89	167 , 51	92, 6 , 9
90	167 , 35	92, 5 , 0	90	169 , 39	93, 7 , 6
91	169 , 21	93, 5 , 6	91	171 , 27	94, 8 , 3
92	171 , 6	94, 6 , 0	92	173 , 15	95, 9 , 0
93	172 , 92	95, 6 , 6	93	175 , 3	96, 9 , 9
94	174 , 78	96, 7 , 0	94	176 , 92	97, 10 , 6
95	176 , 64	97, 7 , 6	95	178 , 80	98, 11 , 3
96	178 , 50	98, 8 , 0	96	180 , 68	99, 12 , 0
97	180 , 36	99, 8 , 6	97	182 , 56	100, 12 , 9
98	182 , 22	100, 9 , 0	98	184 , 45	101, 13 , 6
99	184 , 8	101, 9 , 6	99	186 , 33	102, 14 , 3
100	185 , 94	102, 10 , 0	100	188 , 21	103, 15 , 0

42 Gr.

Nombre	francs ct.	courant. guld.	s.	den
50	95 , 23	52	10	0
51	97 , 14	53	11	0
52	99 , 4	54	12	0
53	100 , 95	55	13	0
54	102 , 85	56	14	0
55	104 , 76	57	15	0
56	106 , 66	58	16	0
57	108 , 57	59	17	0
58	110 , 47	60	18	0
59	112 , 38	61	19	0
60	114 , 28	63	0	0
61	116 , 19	64	1	0
62	118 , 9	65	2	0
63	120 , 0	66	3	0
64	121 , 90	67	4	0
65	123 , 81	68	5	0
66	125 , 71	69	6	0
67	127 , 61	70	7	0
68	129 , 52	71	8	0
69	131 , 42	72	9	0
70	133 , 33	73	10	0
71	135 , 23	74	11	0
72	137 , 14	75	12	0
73	139 , 4	76	13	0
74	140 , 95	77	14	0
75	142 , 85	78	15	0
76	144 , 76	79	16	0
77	146 , 66	80	17	0
78	148 , 57	81	18	0
79	150 , 47	82	19	0
80	152 , 38	84	0	0
81	154 , 28	85	1	0
82	156 , 19	86	2	0
83	158 , 9	87	3	0
84	160 , 0	88	4	0
85	161 , 90	89	5	0
86	163 , 81	90	6	0
87	165 , 71	91	7	0
88	167 , 62	92	8	0
89	169 , 52	93	9	0
90	171 , 43	94	10	0
91	173 , 33	95	11	0
92	175 , 23	96	12	0
93	177 , 14	97	13	0
94	179 , 4	98	14	0
95	180 , 95	99	15	0
96	182 , 85	100	16	0
97	184 , 76	101	17	0
98	186 , 66	102	18	0
99	188 , 57	103	19	0
100	190 , 47	105	0	0

42 ½ Gr.

Nombre	francs ct.	courant. guld.	s.	den
50	96 , 37	53	2	6
51	98 , 29	54	3	9
52	100 , 22	55	5	0
53	102 , 15	56	6	3
54	104 , 8	57	7	6
55	106 , 1	58	8	9
56	107 , 93	59	10	0
57	109 , 86	60	11	3
58	111 , 79	61	12	6
59	113 , 72	62	13	9
60	115 , 64	63	15	0
61	117 , 57	64	16	3
62	119 , 50	65	17	6
63	121 , 43	66	18	9
64	123 , 35	68	0	0
65	125 , 28	69	1	3
66	127 , 21	70	2	6
67	129 , 14	71	3	9
68	131 , 6	72	5	0
69	132 , 99	73	6	3
70	134 , 92	74	7	6
71	136 , 85	75	8	9
72	138 , 77	76	10	0
73	140 , 70	77	11	3
74	142 , 63	78	12	6
75	144 , 56	79	13	9
76	146 , 48	80	15	0
77	148 , 41	81	16	3
78	150 , 34	82	17	6
79	152 , 27	83	18	9
80	154 , 19	85	0	0
81	156 , 12	86	1	3
82	158 , 5	87	2	6
83	159 , 98	88	3	9
84	161 , 90	89	5	0
85	163 , 83	90	6	3
86	165 , 76	91	7	6
87	167 , 69	92	8	9
88	169 , 61	93	10	0
89	171 , 54	94	11	3
90	173 , 47	95	12	6
91	175 , 40	96	13	9
92	177 , 32	97	15	0
93	179 , 25	98	16	3
94	181 , 18	99	17	6
95	183 , 11	100	18	9
96	185 , 3	102	0	0
97	186 , 96	103	1	3
98	188 , 89	104	2	6
99	190 , 82	105	3	9
100	192 , 74	106	5	0

Nombre	francs ct.	flor. / guld.	s.	den	Nombre	francs ct.	flor. / guld.	s.	den
50	97, 50	53	15	0	50	98, 63	54	7	6
51	99, 45	54	16	6	51	100, 61	55	9	3
52	101, 40	55	18	0	52	102, 58	56	11	0
53	103, 35	56	19	6	53	104, 55	57	12	9
54	105, 30	58	1	0	54	106, 53	58	14	6
55	107, 25	59	2	6	55	108, 50	59	16	3
56	109, 20	60	4	0	56	110, 47	60	18	0
57	111, 15	61	5	6	57	112, 44	61	19	9
58	113, 10	62	7	0	58	114, 42	63	1	6
59	115, 5	63	8	6	59	116, 39	64	3	3
60	117, 0	64	10	0	60	118, 36	65	5	0
61	118, 95	65	11	6	61	120, 34	66	6	9
62	120, 90	66	13	0	62	122, 31	67	8	6
63	122, 85	67	14	6	63	124, 28	68	10	3
64	124, 80	68	16	0	64	126, 25	69	12	0
65	126, 75	69	17	6	65	128, 23	70	13	9
66	128, 70	70	19	0	66	130, 20	71	15	6
67	130, 65	72	0	6	67	132, 17	72	17	3
68	132, 60	73	2	0	68	134, 15	73	19	0
69	134, 55	74	3	6	69	136, 12	75	0	9
70	136, 50	75	5	0	70	138, 9	76	2	6
71	138, 46	76	6	6	71	140, 6	77	4	3
72	140, 41	77	8	0	72	142, 4	78	6	0
73	142, 36	78	9	6	73	144, 1	79	7	9
74	144, 31	79	11	0	74	145, 98	80	9	6
75	146, 26	80	12	6	75	147, 95	81	11	3
76	148, 21	81	14	0	76	149, 93	82	13	0
77	150, 16	82	15	6	77	151, 90	83	14	9
78	152, 11	83	17	0	78	153, 87	84	16	6
79	154, 6	84	18	6	79	155, 85	85	18	3
80	156, 1	86	0	0	80	157, 82	87	0	0
81	157, 96	87	1	6	81	159, 79	88	1	9
82	159, 91	88	3	0	82	161, 76	89	3	6
83	161, 86	89	4	6	83	163, 74	90	5	3
84	163, 81	90	6	0	84	165, 71	91	7	0
85	165, 76	91	7	6	85	167, 68	92	8	9
86	167, 71	92	9	0	86	169, 66	93	10	6
87	169, 66	93	10	6	87	171, 63	94	12	3
88	171, 61	94	12	0	88	173, 60	95	14	0
89	173, 56	95	13	6	89	175, 57	96	15	9
90	175, 51	96	15	0	90	177, 55	97	17	6
91	177, 46	97	16	6	91	179, 52	98	19	3
92	179, 41	98	18	0	92	181, 49	100	1	0
93	181, 36	99	19	6	93	183, 47	101	2	9
94	183, 31	101	1	0	94	185, 44	102	4	6
95	185, 26	102	2	6	95	187, 41	103	6	3
96	187, 21	103	4	0	96	189, 38	104	8	0
97	189, 16	104	5	6	97	191, 36	105	9	9
98	191, 11	105	7	0	98	193, 33	106	11	6
99	193, 6	106	8	6	99	195, 30	107	13	3
100	195, 1	107	10	0	100	197, 27	108	15	0

44 Gr. | 44 ½ Gr.

Nombre	francs ct.	courant. flor. s. den guld. s. den	Nombre	francs ct.	courant. flor. s. den guld. s. den
50	99 , 77	55, 0, 0	50	100 , 90	55, 12, 6
51	101 , 76	56, 2, 0	51	102 , 92	56, 14, 9
52	103 , 76	57, 4, 0	52	104 , 94	57, 17, 0
53	105 , 75	58, 6, 0	53	106 , 96	58, 19, 3
54	107 , 75	59, 8, 0	54	108 , 97	60, 1, 6
55	109 , 75	60, 10, 0	55	110 , 99	61, 3, 9
56	111 , 74	61, 12, 0	56	113 , 1	62, 6, 0
57	113 , 74	62, 14, 0	57	115 , 3	63, 8, 3
58	115 , 73	63, 16, 0	58	117 , 5	64, 10, 6
59	117 , 73	64, 18, 0	59	119 , 7	65, 12, 9
60	119 , 72	66, 0, 0	60	121 , 8	66, 15, 0
61	121 , 72	67, 2, 0	61	123 , 10	67, 17, 3
62	123 , 71	68, 4, 0	62	125 , 12	68, 19, 6
63	125 , 71	69, 6, 0	63	127 , 14	70, 1, 9
64	127 , 71	70, 8, 0	64	129 , 16	71, 4, 0
65	129 , 70	71, 10, 0	65	131 , 18	72, 6, 3
66	131 , 70	72, 12, 0	66	133 , 19	73, 8, 6
67	133 , 69	73, 14, 0	67	135 , 21	74, 10, 9
68	135 , 69	74, 16, 0	68	137 , 23	75, 13, 0
69	137 , 68	75, 18, 0	69	139 , 25	76, 15, 3
70	139 , 68	77, 0, 0	70	141 , 27	77, 17, 6
71	141 , 67	78, 2, 0	71	143 , 28	78, 19, 9
72	143 , 67	79, 4, 0	72	145 , 30	80, 2, 0
73	145 , 67	80, 6, 0	73	147 , 32	81, 4, 3
74	147 , 66	81, 8, 0	74	149 , 34	82, 6, 6
75	149 , 66	82, 10, 0	75	151 , 36	83, 8, 9
76	151 , 65	83, 12, 0	76	153 , 38	84, 11, 0
77	153 , 65	84, 14, 0	77	155 , 39	85, 13, 3
78	155 , 64	85, 16, 0	78	157 , 41	86, 15, 6
79	157 , 64	86, 18, 0	79	159 , 43	87, 17, 9
80	159 , 63	88, 0, 0	80	161 , 45	89, 0, 0
81	161 , 63	89, 2, 0	81	163 , 47	90, 2, 3
82	163 , 62	90, 4, 0	82	165 , 48	91, 4, 6
83	165 , 62	91, 6, 0	83	167 , 50	92, 6, 9
84	167 , 62	92, 8, 0	84	169 , 52	93, 9, 0
85	169 , 61	93, 10, 0	85	171 , 54	94, 11, 3
86	171 , 61	94, 12, 0	86	173 , 56	95, 12, 6
87	173 , 60	95, 14, 0	87	175 , 58	96, 15, 9
88	175 , 60	96, 16, 0	88	177 , 59	97, 18, 0
89	177 , 59	97, 18, 0	89	179 , 61	98, 10, 3
90	179 , 59	99, 0, 0	90	181 , 63	100, 2, 6
91	181 , 58	100, 2, 0	91	183 , 65	101, 4, 9
92	183 , 58	101, 4, 0	92	185 , 67	102, 7, 0
93	185 , 58	102, 6, 0	93	187 , 68	103, 9, 3
94	187 , 57	103, 8, 0	94	189 , 70	104, 11, 6
95	189 , 57	104, 10, 0	95	191 , 72	105, 13, 9
96	191 , 56	105, 12, 0	96	193 , 74	106, 16, 0
97	193 , 56	106, 14, 0	97	195 , 76	107, 18, 3
98	195 , 55	107, 16, 0	98	197 , 78	109, 0, 6
99	197 , 55	108, 18, 0	99	199 , 79	110, 2, 9
100	199 , 54	110, 0, 0	100	201 , 81	111, 5, 0

45 Gr.			45 ½ Gr.		
Nombre	francs ct.	courant. flor. s. den (guld. s. den)	Nombre	francs ct.	courant. flor. s. den (guld. s. den)
50	102, 4	56 . 5 . 0	50	103 . 17	56 . 17 . 6
51	104, 8	57 . 7 . 6	51	105 . 23	58 . 0 . 3
52	106, 12	58 . 10 . 0	52	107 . 30	59 . 3 . 0
53	108, 16	59 . 12 . 6	53	109 . 36	60 . 5 . 9
54	110, 20	60 . 15 . 0	54	111 . 42	61 . 8 . 6
55	112, 24	61 . 17 . 6	55	113 . 49	62 . 11 . 3
56	114, 28	63 . 0 . 0	56	115 . 55	63 . 14 . 0
57	116, 32	64 . 2 . 6	57	117 . 61	64 . 16 . 9
58	118, 36	65 . 5 . 0	58	119 . 68	65 . 19 . 6
59	120, 40	66 . 7 . 6	59	121 . 74	67 . 2 . 3
60	122, 44	67 . 10 . 0	60	123 . 80	68 . 5 . 0
61	124, 49	68 . 12 . 6	61	125 . 87	69 . 7 . 9
62	126, 53	69 . 15 . 0	62	127 . 93	70 . 10 . 6
63	128, 57	70 . 17 . 6	63	130 . 0	71 . 13 . 3
64	130, 61	72 . 0 . 0	64	132 . 6	72 . 16 . 0
65	132, 65	73 . 2 . 6	65	134 . 12	73 . 18 . 9
66	134, 69	74 . 5 . 0	66	136 . 19	75 . 1 . 6
67	136, 73	75 . 7 . 6	67	138 . 25	76 . 4 . 3
68	138, 77	76 . 10 . 0	68	140 . 31	77 . 7 . 0
69	140, 81	77 . 12 . 6	69	142 . 38	78 . 9 . 9
70	142, 85	78 . 15 . 0	70	144 . 44	79 . 12 . 6
71	144, 89	79 . 17 . 6	71	146 . 50	80 . 15 . 3
72	146, 94	81 . 0 . 0	72	148 . 57	81 . 18 . 0
73	148, 98	82 . 2 . 6	73	150 . 63	83 . 0 . 9
74	151, 2	83 . 5 . 0	74	152 . 69	84 . 3 . 6
75	153, 6	84 . 7 . 6	75	154 . 76	85 . 6 . 3
76	155, 10	85 . 10 . 0	76	156 . 82	86 . 9 . 0
77	157, 14	86 . 12 . 6	77	158 . 88	87 . 11 . 9
78	159, 18	87 . 15 . 0	78	160 . 95	88 . 14 . 6
79	161, 22	88 . 17 . 6	79	163 . 1	89 . 17 . 3
80	163, 26	90 . 0 . 0	80	165 . 7	91 . 0 . 0
81	165, 30	91 . 2 . 6	81	167 . 14	92 . 2 . 9
82	167, 34	92 . 5 . 0	82	169 . 20	93 . 5 . 6
83	169, 39	93 . 7 . 6	83	171 . 27	94 . 8 . 3
84	171, 43	94 . 10 . 0	84	173 . 33	95 . 11 . 0
85	173, 47	95 . 12 . 6	85	175 . 39	96 . 13 . 9
86	175, 51	96 . 15 . 0	86	177 . 46	97 . 16 . 6
87	177, 55	97 . 17 . 6	87	179 . 52	98 . 19 . 3
88	179, 59	99 . 0 . 0	88	181 . 58	100 . 2 . 0
89	181, 63	100 . 2 . 6	89	183 . 65	101 . 4 . 9
90	183, 67	101 . 5 . 0	90	185 . 71	102 . 7 . 6
91	185, 71	102 . 7 . 6	91	187 . 77	103 . 10 . 3
92	187, 75	103 . 10 . 0	92	189 . 84	104 . 13 . 0
93	189, 79	104 . 12 . 6	93	191 . 90	105 . 15 . 9
94	191, 84	105 . 15 . 0	94	193 . 96	106 . 18 . 6
95	193, 88	106 . 17 . 6	95	196 . 3	108 . 1 . 3
96	195, 92	108 . 0 . 0	96	198 . 9	109 . 4 . 0
97	197, 96	109 . 2 . 6	97	200 . 15	110 . 6 . 9
98	200, 0	110 . 5 . 0	98	202 . 22	111 . 9 . 6
99	202, 4	111 . 7 . 6	99	204 . 28	112 . 12 . 3
100	204, 8	112 . 10 . 0	100	206 . 34	113 . 15 . 0

46 Gr. | 46 ½ Gr.

Nombre	francs ct.	courant. flor. s. den (guild. s. den)	Nombre	francs ct.	courant. flor. s. den (guild. s. den)
50	104, 30	57, 10, 0	50	105, 44	58, 2, 6
51	106, 39	58, 13, 0	51	107, 55	59, 5, 9
52	108, 48	59, 16, 0	52	109, 66	60, 9, 0
53	110, 56	60, 19, 0	53	111, 76	61, 12, 3
54	112, 65	62, 2, 0	54	113, 87	62, 15, 6
55	114, 73	63, 5, 0	55	115, 98	63, 18, 9
56	116, 82	64, 8, 0	56	118, 9	65, 2, 0
57	118, 91	65, 11, 0	57	120, 20	66, 5, 3
58	120, 99	66, 14, 0	58	122, 31	67, 8, 6
59	123, 8	67, 17, 0	59	124, 42	68, 11, 9
60	125, 17	69, 0, 0	60	126, 53	69, 15, 0
61	127, 25	70, 3, 0	61	128, 64	70, 18, 3
62	129, 34	71, 6, 0	62	130, 74	72, 1, 6
63	131, 42	72, 9, 0	63	132, 85	73, 4, 9
64	133, 51	73, 12, 0	64	134, 96	74, 8, 0
65	135, 60	74, 15, 0	65	137, 7	75, 11, 3
66	137, 68	75, 18, 0	66	139, 18	76, 14, 6
67	139, 77	77, 1, 0	67	141, 29	77, 17, 9
68	141, 86	78, 4, 0	68	143, 40	79, 1, 0
69	143, 94	79, 7, 0	69	145, 51	80, 4, 3
70	146, 3	80, 10, 0	70	147, 62	81, 7, 6
71	148, 11	81, 13, 0	71	149, 72	82, 10, 9
72	150, 20	82, 16, 0	72	151, 83	83, 14, 0
73	152, 29	83, 19, 0	73	153, 94	84, 17, 3
74	154, 37	85, 2, 0	74	156, 5	86, 0, 6
75	156, 46	86, 5, 0	75	158, 16	87, 3, 9
76	158, 54	87, 8, 0	76	160, 27	88, 7, 0
77	160, 63	88, 11, 0	77	162, 38	89, 10, 3
78	162, 72	89, 14, 0	78	164, 49	90, 13, 6
79	164, 80	90, 17, 0	79	166, 60	91, 16, 9
80	166, 89	92, 0, 0	80	168, 70	93, 0, 0
81	168, 98	93, 3, 0	81	170, 81	94, 3, 3
82	171, 6	94, 6, 0	82	172, 92	95, 6, 6
83	173, 15	95, 9, 0	83	175, 3	96, 9, 9
84	175, 23	96, 12, 0	84	177, 14	97, 13, 0
85	177, 32	97, 15, 0	85	179, 25	98, 16, 3
86	179, 41	98, 18, 0	86	181, 36	99, 19, 6
87	181, 49	100, 1, 0	87	183, 47	101, 2, 9
88	183, 58	101, 4, 0	88	185, 57	102, 6, 0
89	185, 67	102, 7, 0	89	187, 68	103, 9, 3
90	187, 75	103, 10, 0	90	189, 79	104, 12, 6
91	189, 84	104, 13, 0	91	191, 90	105, 15, 9
92	191, 92	105, 16, 0	92	194, 1	106, 19, 0
93	194, 1	106, 19, 0	93	196, 12	108, 2, 3
94	196, 10	108, 2, 0	94	198, 23	109, 5, 6
95	198, 18	109, 5, 0	95	200, 34	110, 8, 9
96	200, 27	110, 8, 0	96	202, 45	111, 12, 0
97	202, 35	111, 11, 0	97	204, 55	112, 15, 3
98	204, 44	112, 14, 0	98	206, 66	113, 18, 6
99	206, 53	113, 17, 0	99	208, 77	115, 1, 9
100	208, 61	115, 0, 0	100	210, 88	116, 5, 0

Nombre	francs ct.	courant. flor. s. den. / guld. s. den	Nombre	francs ct.	courant. flor. s. den / guld. s. den
50	106 , 57	58, 15 , 0	50	107 , 70	59, 7 , 6
51	108 , 70	59, 18 , 6	51	109 , 86	60, 11 , 3
52	110 , 83	61, 2 , 0	52	112 , 1	61, 15 , 0
53	112 , 97	62, 5 , 6	53	114 , 17	62, 18 , 9
54	115 , 10	63, 9 , 0	54	116 , 32	64, 2 , 6
55	117 , 23	64, 12 , 6	55	118 , 48	65, 6 , 3
56	119 , 36	65, 16 , 0	56	120 , 63	66, 10 , 0
57	121 , 49	66, 19 , 6	57	122 , 78	67, 13 , 9
58	123 , 62	68, 3 , 0	58	124 , 94	68, 17 , 6
59	125 , 76	69, 6 , 6	59	127 , 9	70, 1 , 3
60	127 , 89	70, 10 , 0	60	129 , 25	71, 5 , 0
61	130 , 2	71, 13 , 6	61	131 , 40	72, 8 , 9
62	132 , 15	72, 17 , 0	62	133 , 56	73, 12 , 6
63	134 , 28	74, 0 , 6	63	135 , 71	74, 16 , 3
64	136 , 41	75, 4 , 0	64	137 , 86	76, 0 , 0
65	138 , 55	76, 7 , 6	65	140 , 2	77, 3 , 9
66	140 , 68	77, 11 , 0	66	142 , 17	78, 7 , 6
67	142 , 81	78, 14 , 6	67	144 , 33	79, 11 , 3
68	144 , 94	79, 18 , 0	68	146 , 48	80, 15 , 0
69	147 , 7	81, 1 , 6	69	148 , 63	81, 18 , 9
70	149 , 20	82, 5 , 0	70	150 , 79	83, 2 , 6
71	151 , 33	83, 8 , 6	71	152 , 94	84, 6 , 3
72	153 , 47	84, 12 , 0	72	155 , 10	85, 10 , 0
73	155 , 60	85, 15 , 6	73	157 , 25	86, 13 , 9
74	157 , 73	86, 19 , 0	74	159 , 41	87, 17 , 6
75	159 , 86	88, 2 , 6	75	161 , 56	89, 1 , 3
76	161 , 99	89, 6 , 0	76	163 , 71	90, 5 , 0
77	164 , 12	90, 9 , 6	77	165 , 87	91, 8 , 9
78	166 , 26	91, 13 , 0	78	168 , 2	92, 12 , 6
79	168 , 39	92, 16 , 6	79	170 , 18	93, 16 , 3
80	170 , 52	94, 0 , 0	80	172 , 33	95, 0 , 0
81	172 , 65	95, 3 , 6	81	174 , 49	96, 3 , 9
82	174 , 78	96, 7 , 0	82	176 , 64	97, 7 , 6
83	176 , 91	97, 10 , 6	83	178 , 79	98, 11 , 3
84	179 , 5	98, 14 , 0	84	180 , 95	99, 15 , 0
85	181 , 18	99, 17 , 6	85	183 , 10	100, 18 , 9
86	183 , 31	101, 1 , 0	86	185 , 26	102, 2 , 6
87	185 , 44	102, 4 , 6	87	187 , 41	103, 6 , 3
88	187 , 57	103, 8 , 0	88	189 , 57	104, 10 , 0
89	189 , 70	104, 11 , 6	89	191 , 72	105, 13 , 9
90	191 , 84	105, 15 , 0	90	193 , 87	106, 17 , 6
91	193 , 97	106, 18 , 6	91	196 , 3	108, 1 , 3
92	196 , 10	108, 2 , 0	92	198 , 18	109, 5 , 0
93	198 , 23	109, 5 , 6	93	200 , 34	110, 8 , 9
94	200 , 36	110, 9 , 0	94	202 , 49	111, 12 , 6
95	202 , 49	111, 12 , 6	95	204 , 64	112, 16 , 3
96	204 , 62	112, 16 , 0	96	206 , 80	114, 0 , 0
97	206 , 76	113, 19 , 6	97	208 , 95	115, 3 , 9
98	208 , 89	115, 3 , 0	98	211 , 11	116, 7 , 6
99	211 , 2	116, 6 , 6	99	213 , 26	117, 11 , 3
100	213 , 15	117, 10 , 0	100	215 , 41	118, 15 , 0

N

48 Gr. | 48 ½ Gr.

Nombre	francs ct.	courant flor., s., den (guld.)
50	108, 84	60, 0, 0
51	111, 2	61, 4, 0
52	113, 19	62, 8, 0
53	115, 37	63, 12, 0
54	117, 55	64, 16, 0
55	119, 72	66, 0, 0
56	121, 90	67, 4, 0
57	124, 8	68, 8, 0
58	126, 25	69, 12, 0
59	128, 43	70, 16, 0
60	130, 61	72, 0, 0
61	132, 78	73, 4, 0
62	134, 96	74, 8, 0
63	137, 14	75, 12, 0
64	139, 32	76, 16, 0
65	141, 49	78, 0, 0
66	143, 67	79, 4, 0
67	145, 85	80, 8, 0
68	148, 2	81, 12, 0
69	150, 20	82, 16, 0
70	152, 38	84, 0, 0
71	154, 55	85, 4, 0
72	156, 73	86, 8, 0
73	158, 91	87, 12, 0
74	161, 8	88, 16, 0
75	163, 26	90, 0, 0
76	165, 44	91, 4, 0
77	167, 61	92, 8, 0
78	169, 79	93, 12, 0
79	171, 97	94, 16, 0
80	174, 15	96, 0, 0
81	176, 32	97, 4, 0
82	178, 50	98, 8, 0
83	180, 68	99, 12, 0
84	182, 85	100, 16, 0
85	185, 3	102, 0, 0
86	187, 21	103, 4, 0
87	189, 38	104, 8, 0
88	191, 56	105, 12, 0
89	193, 74	106, 16, 0
90	195, 91	108, 0, 0
91	198, 9	109, 4, 0
92	200, 27	110, 8, 0
93	202, 45	111, 12, 0
94	204, 62	112, 16, 0
95	206, 80	114, 0, 0
96	208, 98	115, 4, 0
97	211, 15	116, 8, 0
98	213, 33	117, 12, 0
99	215, 51	118, 16, 0
100	217, 68	120, 0, 0

Nombre	francs et.	courant flor., s., den (guld.)
50	109, 97	60, 12, 6
51	112, 15	[illegible]
52	114, 37	[illegible]
53	116, 55	[illegible]
54	118, 77	[illegible]
55	120, 97	[illegible]
56	123, 17	[illegible]
57	125, 37	[illegible]
58	127, 57	[illegible]
59	129, 77	[illegible]
60	131, 97	[illegible]
61	134, 17	[illegible]
62	136, 37	[illegible]
63	138, 57	[illegible]
64	140, 77	[illegible]
65	142, 97	[illegible]
66	145, 17	[illegible]
67	147, 37	[illegible]
68	149, 57	[illegible]
69	151, 76	[illegible]
70	153, 96	[illegible]
71	156, 16	86, 11, 0
72	158, 36	87, 6, 0
73	160, 56	88, [illegible]
74	162, 76	89, [illegible]
75	164, 96	90, [illegible]
76	167, 16	91, [illegible]
77	169, 36	93, [illegible]
78	171, 56	94, [illegible]
79	173, 76	95, [illegible]
80	175, 96	97, 0, 0
81	178, 16	98, 4, 3
82	180, 36	99, [illegible]
83	182, 56	100, 12, [illegible]
84	184, 76	101, 17, [illegible]
85	186, 96	103, [illegible]
86	189, 16	104, [illegible]
87	191, 36	105, 9, [illegible]
88	193, 56	106, 14, [illegible]
89	195, 76	107, 18, [illegible]
90	197, 96	109, [illegible]
91	200, 16	110, [illegible]
92	202, 36	111, 11, [illegible]
93	204, 56	112, 12, 3
94	206, 75	113, 19, 6
95	208, 95	115, 3, 9
96	211, 15	116, 8, 0
97	213, 35	117, 12, 3
98	215, 55	118, 16, 6
99	217, 75	120, 0, 9
100	219, 95	121, 5, [illegible]

Nombre	francs ct.		courant. flor. s. den guld. s. den			Nombre	francs ct.		courant. flor. s. den guld. s. den		
50	111	11	61	5	0	50	112	24	61	17	6
51	113	33	62	9	6	51	114	49	63	2	3
52	115	55	63	14	0	52	116	73	64	7	0
53	117	77	64	18	6	53	118	97	65	11	9
54	120	0	66	3	0	54	121	22	66	16	6
55	122	22	67	7	6	55	123	46	68	1	3
56	124	44	68	12	0	56	125	71	69	6	0
57	126	66	69	16	6	57	127	95	70	10	9
58	128	88	71	1	0	58	130	20	71	15	6
59	131	11	72	5	6	59	132	44	73	0	3
60	133	33	73	10	0	60	134	69	74	5	0
61	135	55	74	14	6	61	136	93	75	9	9
62	137	77	75	19	0	62	139	18	76	14	6
63	140	0	77	3	6	63	141	42	77	19	3
64	142	22	78	8	0	64	143	67	79	4	0
65	144	44	79	12	6	65	145	91	80	8	9
66	146	66	80	17	0	66	148	16	81	13	6
67	148	89	82	1	6	67	150	40	82	18	3
68	151	11	83	6	0	68	152	65	84	3	0
69	153	33	84	10	6	69	154	89	85	7	9
70	155	55	85	15	0	70	157	14	86	12	6
71	157	77	86	19	6	71	159	38	87	17	3
72	160	0	88	4	0	72	161	63	89	2	0
73	162	22	89	8	6	73	163	87	90	6	9
74	164	44	90	13	0	74	166	12	91	11	6
75	166	66	91	17	6	75	168	36	92	16	3
76	168	89	93	2	0	76	170	61	94	1	0
77	171	11	94	6	6	77	172	85	95	5	9
78	173	33	95	11	0	78	175	10	96	10	6
79	175	55	96	15	6	79	177	34	97	15	3
80	177	78	98	0	0	80	179	59	99	0	0
81	180	0	99	4	6	81	181	83	100	4	9
82	182	22	100	9	0	82	184	8	101	9	6
83	184	44	101	13	6	83	186	32	102	14	3
84	186	66	102	18	0	84	188	57	103	19	0
85	188	89	104	2	6	85	190	81	105	3	9
86	191	11	105	7	0	86	193	6	106	8	6
87	193	33	106	11	6	87	195	30	107	13	3
88	195	55	107	16	0	88	197	55	108	18	0
89	197	78	109	0	6	89	199	79	110	2	9
90	200	0	110	5	0	90	202	4	111	7	6
91	202	22	111	9	6	91	204	28	112	12	3
92	204	44	112	14	0	92	206	53	113	17	0
93	206	67	113	18	6	93	208	77	115	1	9
94	208	89	115	3	0	94	211	2	116	6	6
95	211	11	116	7	6	95	213	26	117	11	3
96	213	33	117	12	0	96	215	51	118	16	0
97	215	55	118	16	6	97	217	75	120	0	9
98	217	78	120	1	0	98	220	0	121	5	6
99	220	0	121	5	6	99	222	24	122	10	3
100	222	22	122	10	0	100	224	49	123	15	0

50 Gr.

Nombre	francs ct.	courant flor. s. den (guld. s. den)
50	115 , 37	62, 10 , 0
51	115 , 64	63, 15 , 0
52	117 , 91	65, 0 , 0
53	120 , 18	66, 5 , 0
54	122 , 44	67, 10 , 0
55	124 , 71	68, 15 , 0
56	126 , 98	70, 0 , 0
57	129 , 25	71, 5 , 0
58	131 , 51	72, 10 , 0
59	133 , 78	73, 15 , 0
60	136 , 5	75, 0 , 0
61	138 , 32	76, 5 , 0
62	140 , 59	77, 10 , 0
63	142 , 85	78, 15 , 0
64	145 , 12	80, 0 , 0
65	147 , 39	81, 5 , 0
66	149 , 66	82, 10 , 0
67	151 , 92	83, 15 , 0
68	154 , 19	85, 0 , 0
69	156 , 46	86, 5 , 0
70	158 , 73	87, 10 , 0
71	160 , 99	88, 15 , 0
72	163 , 26	90, 0 , 0
73	165 , 53	91, 5 , 0
74	167 , 80	92, 10 , 0
75	170 , 7	93, 15 , 0
76	172 , 33	95, 0 , 0
77	174 , 60	96, 5 , 0
78	176 , 87	97, 10 , 0
79	179 , 14	98, 15 , 0
80	181 , 40	100, 0 , 0
81	183 , 67	101, 5 , 0
82	185 , 94	102, 10 , 0
83	188 , 21	103, 15 , 0
84	190 , 48	105, 0 , 0
85	192 , 74	106, 5 , 0
86	195 , 1	107, 10 , 0
87	197 , 28	108, 15 , 0
88	199 , 55	110, 0 , 0
89	201 , 81	111, 5 , 0
90	204 , 8	112, 10 , 0
91	206 , 35	113, 15 , 0
92	208 , 62	115, 0 , 0
93	210 , 89	116, 5 , 0
94	213 , 15	117, 10 , 0
95	215 , 42	118, 15 , 0
96	217 , 69	120, 0 , 0
97	219 , 96	121, 5 , 0
98	222 , 22	122, 10 , 0
99	224 , 48	123, 15 , 0
100	226 , 75	125, 0 , 0

51 Gr.

Nombre	francs ct.	courant flor. s. den (guld. s. den)
50	115 , 64	63, 15 , 0
51	117 , 95	65, 0 , 6
52	120 , 27	66, 6 , 0
53	122 , 58	67, 11 , 6
54	124 , 89	68, 17 , 0
55	127 , 21	70, 2 , 6
56	129 , 52	71, 8 , 0
57	131 , 83	72, 13 , 6
58	134 , 15	73, 19 , 0
59	136 , 46	75, 4 , 6
60	138 , 77	76, 10 , 0
61	141 , 8	77, 15 , 6
62	143 , 40	79, 1 , 0
63	145 , 71	80, 6 , 6
64	148 , 2	81, 12 , 0
65	150 , 34	82, 17 , 6
66	152 , 65	84, 3 , 0
67	154 , 96	85, 8 , 6
68	157 , 28	86, 14 , 0
69	159 , 59	87, 19 , 6
70	161 , 90	89, 5 , 0
71	164 , 21	90, 10 , 6
72	166 , 53	91, 16 , 0
73	168 , 84	93, 1 , 6
74	171 , 15	94, 7 , 0
75	173 , 47	95, 12 , 6
76	175 , 78	96, 18 , 0
77	178 , 9	98, 3 , 6
78	180 , 41	99, 9 , 0
79	182 , 72	100, 14 , 6
80	185 , 3	102, 0 , 0
81	187 , 34	103, 5 , 6
82	189 , 66	104, 11 , 0
83	191 , 97	105, 16 , 6
84	194 , 28	107, 2 , 0
85	196 , 60	108, 7 , 6
86	198 , 91	109, 13 , 0
87	201 , 22	110, 18 , 6
88	203 , 54	112, 4 , 0
89	205 , 85	113, 9 , 6
90	208 , 16	114, 15 , 0
91	210 , 47	116, 0 , 6
92	212 , 79	117, 6 , 0
93	215 , 10	118, 11 , 6
94	217 , 41	119, 17 , 0
95	219 , 73	121, 2 , 6
96	222 , 4	122, 8 , 0
97	224 , 35	123, 13 , 6
98	226 , 67	124, 19 , 0
99	228 , 98	126, 4 , 6
100	231 , 29	127, 10 , 0

Nombre	francs ct.	guld.	s.	den	Nombre	francs ct.	guld.	s.	den
50	117,91	65	0	0	50	120,18	66	5	0
51	120,27	66	6	0	51	122,58	67	11	6
52	122,63	67	12	0	52	124,98	68	18	0
53	124,98	68	18	0	53	127,39	70	4	6
54	127,34	70	4	0	54	129,79	71	11	0
55	129,70	71	10	0	55	132,20	72	17	6
56	132,6	72	16	0	56	134,60	74	4	0
57	134,42	74	2	0	57	137,0	75	10	6
58	136,78	75	8	0	58	139,41	76	17	0
59	139,13	76	14	0	59	141,81	78	3	6
60	141,49	78	0	0	60	144,21	79	10	0
61	143,85	79	6	0	61	146,62	80	16	6
62	146,21	80	12	0	62	149,2	82	3	0
63	148,57	81	18	0	63	151,42	83	9	6
64	150,93	83	4	0	64	153,83	84	16	0
65	153,28	84	10	0	65	156,23	86	2	6
66	155,64	85	16	0	66	158,64	87	9	0
67	158,0	87	2	0	67	161,4	88	15	6
68	160,36	88	8	0	68	163,44	90	2	0
69	162,72	89	14	0	69	165,85	91	8	6
70	165,8	91	0	0	70	168,25	92	15	0
71	167,43	92	6	0	71	170,65	94	1	6
72	169,79	93	12	0	72	173,6	95	8	0
73	172,15	94	18	0	73	175,46	96	14	6
74	174,51	96	4	0	74	177,87	98	1	0
75	176,87	97	10	0	75	180,27	99	7	6
76	179,22	98	16	0	76	182,67	100	14	0
77	181,58	100	2	0	77	185,8	102	0	6
78	183,94	101	8	0	78	187,48	103	7	0
79	186,30	102	14	0	79	189,88	104	13	6
80	188,66	104	0	0	80	192,29	106	0	0
81	191,2	105	6	0	81	194,69	107	6	6
82	193,37	106	12	0	82	197,9	108	13	0
83	195,73	107	18	0	83	199,50	109	19	6
84	198,9	109	4	0	84	201,90	111	6	0
85	200,45	110	10	0	85	204,31	112	12	6
86	202,81	111	16	0	86	206,71	113	19	0
87	205,17	113	2	0	87	209,11	115	5	6
88	207,52	114	8	0	88	211,52	116	12	0
89	209,88	115	14	0	89	213,92	117	18	6
90	212,24	117	0	0	90	216,32	119	5	0
91	214,60	118	6	0	91	218,73	120	11	6
92	216,96	119	12	0	92	221,13	121	18	0
93	219,32	120	18	0	93	223,54	123	4	6
94	221,67	122	4	0	94	225,94	124	11	0
95	224,3	123	10	0	95	228,34	125	17	6
96	226,39	124	16	0	96	230,75	127	4	0
97	228,75	126	2	0	97	233,15	128	10	6
98	231,11	127	8	0	98	235,55	129	17	0
99	233,47	128	14	0	99	237,96	131	3	6
100	235,82	130	0	0	100	240,36	132	10	0

54 Gr. | 55 Gr.

54 Gr.

Nombre	francs ct.	courant flor.	s.	den
		guld.	s.	den
50	122, 44	67	10	0
51	124, 89	68	17	0
52	127, 34	70	4	0
53	129, 79	71	11	0
54	132, 24	72	18	0
55	134, 69	74	5	0
56	137, 14	75	12	0
57	139, 59	76	19	0
58	142, 4	78	6	0
59	144, 49	79	13	0
60	146, 93	81	0	0
61	149, 38	82	7	0
62	151, 83	83	14	0
63	154, 28	85	1	0
64	156, 73	86	8	0
65	159, 18	87	15	0
66	161, 63	89	2	0
67	164, 8	90	9	0
68	166, 53	91	16	0
69	168, 98	93	3	0
70	171, 42	94	10	0
71	173, 87	95	17	0
72	176, 32	97	4	0
73	178, 77	98	11	0
74	181, 22	99	18	0
75	183, 67	101	5	0
76	186, 12	102	12	0
77	188, 57	103	19	0
78	191, 2	105	6	0
79	193, 47	106	13	0
80	195, 91	108	0	0
81	198, 36	109	7	0
82	200, 81	110	14	0
83	203, 26	112	1	0
84	205, 71	113	8	0
85	208, 16	114	15	0
86	210, 61	116	2	0
87	213, 6	117	9	0
88	215, 51	118	16	0
89	217, 96	120	3	0
90	220, 40	121	10	0
91	222, 85	122	17	0
92	225, 30	124	4	0
93	227, 75	125	11	0
94	230, 20	126	18	0
95	232, 65	128	5	0
96	235, 10	129	12	0
97	237, 55	130	19	0
98	240, 0	132	6	0
99	242, 45	133	13	0
100	244, 89	135	0	0

55 Gr.

Nombre	francs ct.	courant flor.	s.	den
		guld.	s.	den
50	124, 71	68	15	0
51	127, 21	70	2	6
52	129, 70	71	10	0
53	132, 19	72	17	6
54	134, 69	74	5	0
55	137, 18	75	12	6
56	139, 68	77	0	0
57	142, 17	78	7	6
58	144, 67	79	15	0
59	147, 16	81	2	6
60	149, 66	82	10	0
61	152, 15	83	17	6
62	154, 64	85	5	0
63	157, 14	86	12	6
64	159, 63	88	0	0
65	162, 13	89	7	6
66	164, 62	90	15	0
67	167, 12	92	2	6
68	169, 61	93	10	0
69	172, 11	94	17	6
70	174, 60	96	5	0
71	177, 9	97	12	6
72	179, 59	99	0	0
73	182, 8	100	7	6
74	184, 58	101	15	0
75	187, 7	103	2	6
76	189, 57	104	10	0
77	192, 6	105	17	6
78	194, 55	107	5	0
79	197, 5	108	12	6
80	199, 54	110	0	0
81	202, 4	111	7	6
82	204, 53	112	15	0
83	207, 3	114	2	6
84	209, 52	115	10	0
85	212, 2	116	17	6
86	214, 51	118	5	0
87	217, 0	119	12	6
88	219, 50	121	0	0
89	221, 99	122	7	6
90	224, 49	123	15	0
91	226, 98	125	2	6
92	229, 48	126	10	0
93	231, 97	127	17	6
94	234, 47	129	5	0
95	236, 96	130	12	6
96	239, 45	132	0	0
97	241, 95	133	7	6
98	244, 44	134	15	0
99	246, 94	136	2	6
100	249, 43	137	10	0

56 Gr.

Nombre.	francs ct.	courant. guld. s. den
50	126 , 98	70 . 0 .0
51	129 , 52	71 . 8 .0
52	132 , 6	72 . 16 .0
53	134 , 60	74 . 4 .0
54	137 , 14	75 . 12 .0
55	139 , 68	77 . 0 .0
56	142 , 22	78 . 8 .0
57	144 , 76	79 . 16 .0
58	147 , 30	81 . 4 .0
59	149 , 84	82 . 12 .0
60	152 , 38	84 . 0 .0
61	154 , 92	85 . 8 .0
62	157 , 46	86 . 16 .0
63	160 , 0	88 . 4 .0
64	162 , 54	89 . 12 .0
65	165 , 7	91 . 0 .0
66	167 , 61	92 . 8 .0
67	170 , 15	93 . 16 .0
68	172 , 69	95 . 4 .0
69	175 , 23	96 . 12 .0
70	177 , 77	98 . 0 .0
71	180 , 31	99 . 8 .0
72	182 , 85	100 . 16 .0
73	185 , 39	102 . 4 .0
74	187 , 93	103 . 12 .0
75	190 , 47	105 . 0 .0
76	193 , 1	106 . 8 .0
77	195 , 55	107 . 16 .0
78	198 , 9	109 . 4 .0
79	200 , 63	110 . 12 .0
80	203 , 17	112 . 0 .0
81	205 , 71	113 . 8 .0
82	208 , 25	114 . 16 .0
83	210 , 79	116 . 4 .0
84	213 , 33	117 . 12 .0
85	215 , 87	119 . 0 .0
86	218 , 41	120 . 8 .0
87	220 , 95	121 . 16 .0
88	223 , 49	123 . 4 .0
89	226 , 3	124 . 12 .0
90	228 , 57	126 . 0 .0
91	231 , 11	127 . 8 .0
92	233 , 65	128 . 16 .0
93	236 , 19	130 . 4 .0
94	238 , 73	131 . 12 .0
95	241 , 26	133 . 0 .0
96	243 , 80	134 . 8 .0
97	246 , 34	135 . 16 .0
98	248 , 88	137 . 4 .0
99	251 , 42	138 . 12 .0
100	253 , 96	140 . 0 .0

57 Gr.

Nombre	francs ct.	courant. guld. s. den
50	129 . 25	71 . 5 .0
51	131 . 83	72 . 13 .6
52	134 . 42	74 . 2 .0
53	137 . 0	75 . 10 .6
54	139 . 59	76 . 19 .0
55	142 . 17	78 . 7 .6
56	144 . 76	79 . 16 .0
57	147 . 34	81 . 4 .6
58	149 . 93	82 . 13 .0
59	152 . 51	84 . 1 .6
60	155 . 10	85 . 10 .0
61	157 . 68	86 . 18 .6
62	160 . 27	88 . 7 .0
63	162 . 85	89 . 15 .6
64	165 . 44	91 . 4 .0
65	168 . 2	92 . 12 .6
66	170 . 61	94 . 1 .0
67	173 . 19	95 . 9 .6
68	175 . 78	96 . 18 .0
69	178 . 36	98 . 6 .6
70	180 . 95	99 . 15 .0
71	183 . 53	101 . 3 .6
72	186 . 12	102 . 12 .0
73	188 . 70	104 . 0 .6
74	191 . 29	105 . 9 .0
75	193 . 87	106 . 17 .6
76	196 . 46	108 . 6 .0
77	199 . 4	109 . 14 .6
78	201 . 63	111 . 3 .0
79	204 . 21	112 . 11 .6
80	206 . 80	114 . 0 .0
81	209 . 38	115 . 8 .6
82	211 . 97	116 . 17 .0
83	214 . 55	118 . 5 .6
84	217 . 14	119 . 14 .0
85	219 . 73	121 . 2 .6
86	222 . 31	122 . 11 .0
87	224 . 90	123 . 19 .6
88	227 . 48	125 . 8 .0
89	230 . 7	126 . 16 .6
90	232 . 65	128 . 5 .0
91	235 . 24	129 . 13 .6
92	237 . 82	131 . 2 .0
93	240 . 41	132 . 10 .6
94	242 . 99	133 . 19 .0
95	245 . 58	135 . 7 .6
96	248 . 16	136 . 16 .0
97	250 . 75	138 . 4 .6
98	253 . 33	139 . 13 .0
99	255 . 92	141 . 1 .6
100	258 , 50	142 . 10 .0

Nombre	francs ct.	courant. flor. s. den (guld. s. den)	Nombre	francs ct.	courant. flor. s. den (guld. s. den)
50	131, 51	72, 10, 0	50	133, 78	73, 15, 0
51	134, 14	73, 19, 0	51	136, 46	75, 4, 6
52	136, 78	75, 8, 0	52	139, 13	76, 14, 0
53	139, 41	76, 17, 0	53	141, 81	78, 3, 6
54	142, 4	78, 6, 0	54	144, 49	79, 13, 0
55	144, 67	79, 15, 0	55	147, 16	81, 2, 6
56	147, 30	81, 4, 0	56	149, 84	82, 12, 0
57	149, 93	82, 13, 0	57	152, 51	84, 1, 6
58	152, 56	84, 2, 0	58	155, 19	85, 11, 0
59	155, 19	85, 11, 0	59	157, 86	87, 0, 6
60	157, 82	87, 0, 0	60	160, 54	88, 10, 0
61	160, 45	88, 9, 0	61	163, 22	89, 19, 6
62	163, 8	89, 18, 0	62	165, 89	91, 9, 0
63	165, 71	91, 7, 0	63	168, 57	92, 18, 6
64	168, 34	92, 16, 0	64	171, 24	94, 8, 0
65	170, 97	94, 5, 0	65	173, 92	95, 17, 6
66	173, 60	95, 14, 0	66	176, 60	97, 7, 0
67	176, 23	97, 3, 0	67	179, 27	98, 16, 6
68	178, 86	98, 12, 0	68	181, 95	100, 6, 0
69	181, 49	100, 1, 0	69	184, 62	101, 15, 6
70	184, 12	101, 10, 0	70	187, 30	103, 5, 0
71	186, 75	102, 19, 0	71	189, 98	104, 14, 6
72	189, 39	104, 8, 0	72	192, 65	106, 4, 0
73	192, 2	105, 17, 0	73	195, 33	107, 13, 6
74	194, 65	107, 6, 0	74	198, 0	109, 3, 0
75	197, 28	108, 15, 0	75	200, 68	110, 12, 6
76	199, 91	110, 4, 0	76	203, 36	112, 2, 0
77	202, 54	111, 13, 0	77	206, 3	113, 11, 6
78	205, 17	113, 2, 0	78	208, 71	115, 1, 0
79	207, 80	114, 11, 0	79	211, 38	116, 10, 6
80	210, 43	116, 0, 0	80	214, 6	118, 0, 0
81	213, 6	117, 9, 0	81	216, 73	119, 9, 6
82	215, 69	118, 18, 0	82	219, 41	120, 19, 0
83	218, 32	120, 7, 0	83	222, 9	122, 8, 6
84	220, 95	121, 16, 0	84	224, 76	123, 18, 0
85	223, 58	123, 5, 0	85	227, 44	125, 7, 6
86	226, 21	124, 14, 0	86	230, 11	126, 17, 0
87	228, 84	126, 3, 0	87	232, 79	128, 6, 6
88	231, 47	127, 12, 0	88	235, 47	129, 16, 0
89	234, 10	129, 1, 0	89	238, 14	131, 5, 6
90	236, 73	130, 10, 0	90	240, 82	132, 15, 0
91	239, 36	131, 19, 0	91	243, 49	134, 4, 6
92	241, 99	133, 8, 0	92	246, 17	115, 14, 0
93	244, 62	134, 17, 0	93	248, 85	187, 3, 6
94	247, 25	136, 6, 0	94	251, 52	138, 13, 0
95	249, 88	137, 15, 0	95	254, 20	140, 2, 6
96	252, 51	139, 4, 0	96	256, 87	141, 12, 0
97	255, 14	140, 13, 0	97	259, 55	143, 1, 6
98	257, 77	142, 2, 0	98	262, 22	144, 11, 0
99	260, 40	143, 11, 0	99	264, 89	146, 0, 6
100	263, 3	145, 0, 0	100	267, 57	147, 10, 0

Nombre	francs. ct.	courant. flor. s. den. / guld. s. den.	Nombre	francs. ct.	courant. flor. s. den. / guld. s. den.
50	136 , 5	75, 0 , 0	50	138 , 32	76, 5 , 0
51	138 , 77	76, 10 , 0	51	141 , 8	77, 15 , 6
52	141 , 49	78, 0 , 0	52	143 , 85	79, 6 , 0
53	144 , 21	79, 10 , 0	53	146 , 62	80, 16 , 6
54	146 , 93	81, 0 , 0	54	149 , 38	82, 7 , 0
55	149 , 66	82, 10 , 0	55	152 , 15	83, 17 , 6
56	152 , 38	84, 0 , 0	56	154 , 92	85, 8 , 0
57	155 , 10	85, 10 , 0	57	157 , 68	86, 18 , 6
58	157 , 82	87, 0 , 0	58	160 , 45	88, 9 , 0
59	160 , 54	88, 10 , 0	59	163 , 22	89, 19 , 6
60	163 , 26	90, 0 , 0	60	165 , 98	91, 10 , 0
61	165 , 98	91, 10 , 0	61	168 , 75	93, 0 , 6
62	168 , 70	93, 0 , 0	62	171 , 52	94, 11 , 0
63	171 , 42	94, 10 , 0	63	174 , 28	96, 1 , 6
64	174 , 15	96, 0 , 0	64	177 , 5	97, 12 , 0
65	176 , 87	97, 10 , 0	65	179 , 81	99, 2 , 6
66	179 , 59	99, 0 , 0	66	182 , 58	100, 13 , 0
67	182 , 31	100, 10 , 0	67	185 , 35	102, 3 , 6
68	185 , 3	102, 0 , 0	68	188 , 11	103, 14 , 0
69	187 , 75	103, 10 , 0	69	190 , 88	105, 4 , 6
70	190 , 47	105, 0 , 0	70	193 , 65	106, 15 , 0
71	193 , 19	106, 10 , 0	71	196 , 41	108, 5 , 6
72	195 , 91	108, 0 , 0	72	199 , 18	109, 16 , 0
73	198 , 64	109, 10 , 0	73	201 , 95	111, 6 , 6
74	201 , 36	111, 0 , 0	74	204 , 71	112, 17 , 0
75	204 , 8	112, 10 , 0	75	207 , 48	114, 7 , 6
76	206 , 80	114, 0 , 0	76	210 , 25	115, 18 , 0
77	209 , 52	115, 10 , 0	77	213 , 1	117, 8 , 6
78	212 , 24	117, 0 , 0	78	215 , 78	118, 19 , 0
79	214 , 96	118, 10 , 0	79	218 , 55	120, 9 , 6
80	217 , 68	120, 0 , 0	80	221 , 31	122, 0 , 0
81	220 , 40	121, 10 , 0	81	224 , 8	123, 10 , 6
82	223 , 13	123, 0 , 0	82	226 , 85	125, 1 , 0
83	225 , 85	124, 10 , 0	83	229 , 61	126, 11 , 6
84	228 , 57	126, 0 , 0	84	232 , 38	128, 2 , 0
85	231 , 29	127, 10 , 0	85	235 , 14	129, 12 , 6
86	234 , 1	129, 0 , 0	86	237 , 91	131, 3 , 0
87	236 , 73	130, 10 , 0	87	240 , 68	132, 13 , 6
88	239 , 45	132, 0 , 0	88	243 , 44	134, 4 , 0
89	242 , 17	133, 10 , 0	89	246 , 21	135, 14 , 6
90	244 , 89	135, 0 , 0	90	248 , 98	137, 5 , 0
91	247 , 62	136, 10 , 0	91	251 , 74	138, 15 , 6
92	250 , 34	138, 0 , 0	92	254 , 51	140, 6 , 0
93	253 , 6	139, 10 , 0	93	257 , 28	141, 16 , 6
94	255 , 78	141, 0 , 0	94	260 , 4	143, 7 , 0
95	258 , 50	142, 10 , 0	95	262 , 81	144, 17 , 6
96	261 , 22	144, 0 , 0	96	265 , 58	146, 8 , 0
97	263 , 94	145, 10 , 0	97	268 , 34	147, 18 , 6
98	266 , 66	147, 0 , 0	98	271 , 11	149, 9 , 0
99	269 , 38	148, 10 , 0	99	273 , 88	150, 19 , 6
100	272 , 11	150, 0 , 0	100	276 , 64	152, 10 , 0

TABLE

Du pair de toutes les monnaies ayant cours en France, dont la valeur se trouve variée par les Décrets impériaux des 18 Août et 12 Septembre 1810.

TAFEL

Van den pari van alle de munten cours hebbende in Vrankryk, de welke in hunne weirde veranderd zyn door de keyzerlyke Decreten van den 18 Augusti en 12 September 1810.

		Francs.
25 Plaquettes de Liège	25 Luyksche Plaquetten	7
25 Escalins de Liège	25 Luyksche Schellingen	14
20 Escalins de Brabant	20 Brabantsche Schellingen	12
10 Doubles Esc. de Brabant	10 Dobbel Brab. Schell.	12
10 Doubles Esc. de Liège	10 Dobbel Luykse Schell.	12
25 Couronnes Impériales	25 Keyzerlyke Kroonen	139
100 Demi Couronnes Impér.	100 Halve Keyz. Kroon.	277
50 Quarts de Cour. Impér.	50 Kwaerten van K. Kr.	69
5 Couronnes de France	5 Fransche Kroonen	29
4 Demi Cour. de France	4 Halve Fransche Kr.	11
4 Quarts de Cour. de Fr.	4 Kwaerten van Fr. Kr.	6
4 Huitièmes de Cour. de Fr.	4 Achste van Fr. Kr.	3
10 Ducatons	10 Ducatons	68
20 Demi Ducatons	20 Halve Ducatons	63
100 Quarts de Ducatons	100 Kwaerten van Ducatons	157
50 Huitièmes de Ducatons	50 Achste van Ducatons	39
8 Pièces de 17 Sols et demi	8 Stuk. van 17 st. en half	12
25 Risdales de Hollande	25 Hollandsche Rykxd.	132
25 Risdales de Zélande	25 Zeeuwsche Rykxd.	129
20 Louis d'or	20 Goude Louisen	471
5 Doubles Louis	5 Dobbel Louisen	236
10 Souvereins	10 Souvereynen	169
50 Ducats	50 Ducaeten	571